K. T. SUCHORUKOW

BEITRÄGE ZUR PHYSIOLOGIE DER PFLANZLICHEN RESISTENZ

K. T. SUCHORUKOW

BEITRÄGE ZUR PHYSIOLOGIE DER PFLANZLICHEN RESISTENZ

AKADEMIE-VERLAG · BERLIN
1958

К. Т. СУХОРУКОВ
ФИЗИОЛОГИЯ ИММУНИТЕТА РАСТЕНИЙ

Erschienen im Verlag der Akademie der Wissenschaften der UdSSR
Moskau 1952

Übersetzt aus dem Russischen von Helmut Böhme

Wissenschaftliche Redaktion der Übersetzung: Ilse Nover, Phytopathologisches Institut
der Universität Halle
und Hans Wolffgang, Biologische Zentralanstalt der Deutschen Akademie
der Landwirtschaftswissenschaften,
Institut für Phytopathologie Aschersleben

Erschienen im Akademie-Verlag GmbH, Berlin W 8, Mohrenstraße 39
Lizenz-Nr. 202 · 100/270/58

Gesamtherstellung: VEB Druckerei „Thomas Müntzer“ Bad Langensalza
Bestell- und Verlagsnummer: 5296
Printed in Germany
ES 18 G 2

VORWORT ZUR DEUTSCHEN AUSGABE

Die Zeit ist wohl noch nicht reif für eine zusammenfassende Darstellung der pathologischen Physiologie der Pflanze. Unsere Kenntnisse des normalen, noch mehr aber des krankhaft veränderten pflanzlichen Stoffwechsels sind dazu noch zu gering. Eine der schwierigsten Fragen dieses Gebietes ist zweifellos die nach dem Zusammenhang zwischen Stoffwechsel und Resistenz. Obgleich die vorliegende Darstellung z. T. ältere Arbeiten des Verfassers und seiner Mitarbeiter auswertet und die modernsten Methoden noch nicht eingesetzt wurden, begrüßen wir diese Veröffentlichung. Wir glauben, daß sie viele Anregungen gibt und Ausgangspunkte für neue Untersuchungen bietet — und sei es aus Zweifel an den vom Verfasser entwickelten Ansichten. Manche wissenschaftliche Hypothese ist erst durch den Widerspruch, den sie fand, und die Bemühungen, sie zu widerlegen, zu ihrer größten Fruchtbarkeit gekommen, selbst wenn sie schließlich aufgegeben werden mußte.

Die Übersetzung dieses Buches soll allen an Fragen pflanzlicher Resistenz interessierten deutschen Lesern die Möglichkeit geben, sich über die Ergebnisse sowjetischer Wissenschaftler auf diesem Gebiet zu unterrichten.

Wir haben uns bemüht, die Meinungen und Gedanken des Verfassers möglichst getreu wiederzugeben, gelegentlich selbst mit Hilfe etwas freierer Übersetzung und selbstverständlich auch dort, wo wir die Ansicht des Verfassers nicht teilen.

I. Nover H. Wolffgang

VORWORT DES VERFASSERS

Die Immunität[1] der Pflanzen als Eigenschaft des pflanzlichen Organismus einer Infektionskrankheit zu widerstehen, zieht schon lange die Aufmerksamkeit von Praktikern und Wissenschaftlern auf sich. Die Erfolge der sowjetischen Wissenschaft in der Bekämpfung von Krankheiten und in der Züchtung widerstandsfähiger Sorten schufen günstige Bedingungen zur umfassenden Erforschung der Immunität. Über diese Fragen wurden in der Sowjetunion eine Reihe von Originalarbeiten und Übersichten veröffentlicht, die von dem großen Ausmaß der Untersuchungen und ihrer engen Verbindung mit den Ansprüchen unserer Landwirtschaft zeugen.

In unserer Arbeit behandeln wir nur die Physiologie der Immunität, d. h. die Erscheinungsform, bei der physiologische Faktoren entscheidend sind.

Bei dem Studium der Physiologie der Immunität sollten unserer Meinung nach folgende Fragen im Mittelpunkt der Aufmerksamkeit des Forschers stehen: die Besonderheiten der Physiologie immuner Pflanzen und parasitärer Organismen; die Wechselbeziehungen zwischen Wirtspflanze und Parasit; die Schutzmittel der Pflanze und die Angriffsmittel des Parasiten. Die genannten Fragen sind eng miteinander verknüpft und haben eine allgemeine biologische Grundlage. Diese Grundlage sind, wie I. I. Metschnikow in seinen vergleichend-pathologischen Untersuchungen zeigte, die Stoffwechselvorgänge bei Parasit und Wirtspflanze. Die Ernährung des Parasiten auf Kosten der Pflanze wird durch verschiedenartige Schutzmittel der Pflanze erschwert, von denen einige passiven Charakter, andere — welche erst als Reaktion auf eine Infektion entstehen — aktiven Charakter haben.

Die parasitären Organismen verfügen über eine Vielfalt von Angriffsmitteln, mit denen sie dieses Hindernis durchbrechen, in die Pflanzen eindringen und dort die für ihr Leben notwendigen Bedingungen finden.

Die Besonderheiten der Physiologie immuner Pflanzen und der Parasiten bestehen in den Wechselbeziehungen zwischen Wirtspflanze und parasitierendem Organismus. Diese Wechselbeziehungen, die eine gemeinsame Grundlage haben, gestalten sich jedoch sehr verschieden. Ihre Mannigfaltigkeit unterliegt, wie wir zu zeigen versuchen werden, einer allgemeinen Gesetzmäßigkeit, die sich aus der Rolle des Parasiten bei der Entwicklung der Krankheit und aus dem Zustand der infizierten Pflanze ergibt.

Neben der Untersuchung von Fragen, die direkte Beziehungen zur Physiologie der Immunität haben, werden von uns in einigen Fällen auch Fragen der normalen

[1] Der Begriff „Immunität" wird hier gleichbedeutend mit „Resistenz", „Widerstandsfähigkeit" verwendet. (Anm. d. Bearb.)

Pflanzenphysiologie behandelt; im einzelnen: die Physiologie des Gefäßsystems; die Bedeutung physiologisch aktiver Verbindungen im Stoffwechsel; Fermentreaktionen im Organismus sowie der Atmungsprozeß im Normalfall und bei Abweichungen. Diese Teilgebiete der Physiologie haben große Bedeutung für die Entwicklung der Lehre von der Pflanzenimmunität. Der augenblickliche Stand dieser Fragen erfordert jedoch eine sorgfältige Prüfung und experimentelle Bearbeitung.

Den folgenden Beiträgen liegen eigene Untersuchungen auf dem Gebiet der Physiologie der Immunität und sich daran schließende Überlegungen zugrunde sowie Untersuchungen von Teilproblemen durch meine Mitarbeiter. Einen erschöpfenden Literaturüberblick geben wir nicht; Literaturquellen werden nur in dem Maße behandelt, wie es uns zur Veranschaulichung der historischen Entwicklung und des gegenwärtigen Standes der Fragen notwendig erscheint.

Das Programm unserer Untersuchungen und die Auswahl der Objekte richteten sich nach den praktischen Erfordernissen der sozialistischen Landwirtschaft.

Wir sind weit davon entfernt zu glauben, daß unsere Arbeit fehlerfrei ist und das Thema erschöpfend behandelt. Für alle kritischen Bemerkungen werden wir dankbar sein.

K. T. Suchorukow

INHALTSVERZEICHNIS

I. Einleitung. Wechselbeziehungen zwischen Pflanze und Parasit

Eine grundlegende und spezifische Eigenschaft der grünen Pflanze ist ihre Fähigkeit, sich mit Hilfe des Sonnenlichtes von anorganischen Verbindungen zu ernähren. Die Kohlensäure der Luft, Wasser und Mineralsalze werden im Pflanzenkörper in organische Verbindungen überführt, welche die für das Leben notwendige Energie besitzen. Andererseits gibt es Organismen, denen die Fähigkeit fehlt, Sonnenlicht in chemische Energie organischer Verbindungen zu verwandeln. Diese ernähren sich von Stoffen, die in den Pflanzen aufgebaut werden. Eine Gruppe dieser Organismen — die Saprophyten — lebt von toten Pflanzen. Die Parasiten dagegen ernähren sich von lebenden Pflanzen, auf die sie in verschiedener Weise einwirken.

In dieser Arbeit gilt das Hauptaugenmerk den Beziehungen zwischen Pflanze und Parasit wie den physiologischen Gesetzen dieser Wechselbeziehungen, da sie die Grundlage der Anfälligkeit bzw. Resistenz der Pflanze gegenüber einer Infektion bilden.

In der praktischen Arbeit des Menschen wird der Resistenz der Pflanzen, insbesondere der Kulturpflanzen, gegen Krankheiten große Aufmerksamkeit geschenkt. Die Erforschung dieser Eigenschaft hat eine lange Geschichte. Die Wechselbeziehungen der zwei Organismen — Parasit und Pflanze — werden in der modernen Phytopathologie von verschiedenen Gesichtspunkten aus untersucht. Theorien und Hypothesen werden entwickelt, um alle Erscheinungen der Resistenz und der Anfälligkeit in gemeinsamen Schemata einzuordnen. Aber solche Versuche stoßen auf große Schwierigkeiten, was sich aus dem komplexen Charakter dieser Wechselbeziehungen und ihrer Vielfalt ergibt.

Den angedeuteten Beziehungen liegt die Ernährung der beiden Organismen zugrunde, die durch die Reaktionen der Wirtspflanze und des parasitären Organismus kompliziert wird. I. I. Metschnikow (1947) schreibt bei der Analyse der Beobachtungen De Barys über die Entwicklung der *Sclerotinia* in Pflanzen: „Bei dieser Krankheit handelt es sich um den Kampf zweier Pflanzen. Der Parasit gibt giftige und enzymatische Stoffe ab, mit denen er auf die Wirtspflanze einwirkt. Letztere wehrt sich durch die Bildung von Schichten, die den Ausscheidungen des Pilzes zu widerstehen vermögen. Dieser mit Hilfe chemischer Stoffe geführte Kampf ist das Ergebnis der Tätigkeit lebender Zellen beider miteinander kämpfenden Pflanzen und hat seine Grundlage in der Reaktionsfähigkeit ihrer Protoplasten“ (S. 60).

Die biologische Grundlage ist, wie Metschnikow zeigt, der Kampf um die Ernährung, der in gleicher Weise sowohl den Pflanzen als auch den tierischen Organismen und ihren Parasiten eigen ist.

Solche Beziehungen zwischen Pflanze und Parasit treten nicht plötzlich auf, sondern entwickeln sich, wobei man in dieser Entwicklung einige Phasen feststellen kann. Besonders klar treten vier Phasen hervor:

1. Entwicklung des Parasiten auf der Pflanze bis zu seinem Eindringen;
2. das Eindringen des Parasiten in die Pflanze;
3. Reaktion der Pflanze auf den Befall;
4. Endperiode, deren äußere Merkmale für jede Krankheit charakteristisch sind.

In der ersten Phase entwickelt sich der Parasit auf den epidermalen Geweben der Pflanze, die durch Regen, Tau, Begießen usw. häufig feucht sind. In das Wasser diffundieren Stoffe aus dem Gewebe der Pflanzen und dem Parasiten selbst. Das Wasser wird zum Nährmedium, die Diffusionsströme rufen Chemotropismen und Chemotaxen hervor, d. h. sie orientieren die Bewegung des Parasiten in Richtung des pflanzlichen Gewebes.

In der zweiten Phase dringen die Parasiten in die Pflanze ein. Die Mittel zum Überwinden von Hindernissen beim Eindringen sind bei den Parasiten ziemlich vielfältig: Einige Parasiten durchbrechen rein mechanisch durch Entwicklung eines hohen Turgors die Zellwände; andere lösen mit Hilfe von Fermenten die Zellwände oder Mittellamellen auf und dringen in die Zelle ein, einige scheiden offensichtlich Stoffe aus, welche die Cuticula auflösen, wodurch der Weg für das weitere Eindringen der Parasiten frei wird.

Die dritte Phase, die Reaktion der Pflanzen auf den Befall, ist die grundlegende und den Charakter der weiteren Wechselbeziehungen bestimmende Phase. Beim Studium der Physiologie der Immunität interessiert diese Phase besonders. Der in die Zelle eindringende Parasit entwickelt sich dort nicht immer, häufig findet er ungünstige Lebensbedingungen vor und stirbt ab. Betrachten wir, wie sich die Wechselbeziehungen in dieser Etappe gestalten. In der lebenden Pflanzenzelle befindet sich ein Komplex verschiedenartiger Verbindungen, die dem Parasiten als Nahrung dienen können. Ein großer Teil dieser Verbindungen findet sich im Plasma, das auf äußere Einflüsse ganz bestimmte Reaktionen zeigt. Der Parasit kann sich die für seine Ernährung notwendigen organischen Verbindungen nur dann aneignen, wenn diese sich in einer zugänglichen, gelösten Form befinden, d. h. wenn sie „mobilisiert“ sind. In den Organismen verläuft die Mobilisierung der Verbindungen als Ergebnis fermentativer Reaktionen, bei denen komplizierte organische Verbindungen in einfache, leichtlösliche und bewegliche gespalten werden.

Man könnte logischerweise annehmen, daß der in die Pflanze eindringende Parasit mit Hilfe von Fermenten organische Verbindungen der Pflanze für seine Ernährung mobilisiert. Diese Ansicht wird von vielen Forschern geteilt, obwohl sie unbewiesen ist. Wir stehen auf einem anderen Standpunkt und weisen nach, daß die vom Parasiten in die lebende Zelle abgegebenen Fermente keine Bedeutung für seine Ernährung haben können. Vielmehr beruht die Ernährung des Parasiten auf seiner Anpassung an den Stoffwechsel des Wirtsorganismus.

Nach den Untersuchungen der letzten Jahre sind besondere organische Verbindungen in der Umwelt, in diesem Falle in der Pflanzenzelle, für die Ernährung des parasitären Organismus unentbehrlich. Diese Stoffe sind in unbedeutenden, häufig verschwindend geringen Mengen vorhanden und tragen verschiedene Bezeichnungen: Ergänzungsstoffe, Bakterienvitamine, Wachstumsfaktoren, physiologisch aktive Stoffe usw.

Die Chemie dieser Stoffe ist in der Mehrzahl der Fälle bereits aufgeklärt, und gegenwärtig wird die physiologische Bedeutung einzelner Verbindungen untersucht. Offensichtlich sind diese Verbindungen auch für die Immunität tierischer Organismen wichtig, denn sie beeinflussen den Stoffwechsel des tierischen Organismus und seiner Parasiten. Die Grundquelle der Nahrung aller Organismen auf der Erde ist die grüne Pflanze, obwohl einige chlorophyllose Pflanzen ebenfalls solche Stoffe synthetisieren können. Jedoch sind Art und Menge der Verbindungen begrenzt.

Bei vielen Erkrankungen sterben die infizierten Zellen und Gewebe ab. Bei hochspezialisierten und obligaten Parasiten beendet das Absterben oder die Nekrose die weiteren Wechselbeziehungen zwischen Pflanze und Parasit. Zusammen mit den Zellen stirbt auch der in sie eingedrungene Parasit. Die Nekrosen sind in diesem Falle Schutzreaktionen der Pflanze. Im Gegensatz dazu begünstigt bei Halbparasiten das Absterben der Zellen die weitere Entwicklung: In den toten Zellen verläuft infolge der Spaltung komplizierter Verbindungen durch die Zellfermente eine Mobilisierung von Stoffen, und es werden für den Parasiten günstige Bedingungen geschaffen. Das Absterben ist eine Folge der Vergiftung der Zellen durch toxische Stoffwechselprodukte des Mikroorganismus oder Phytotoxine, wie sie häufig genannt werden. Halbparasiten besitzen im Gegensatz zu obligaten Parasiten die Fähigkeit, Phytotoxine in großer Menge zu erzeugen.

Das Absterben der Zellen bei vielen Erkrankungen, das große Bedeutung für die Resistenz der Pflanzen gegenüber Infektionen hat, ist in physiologischer Beziehung noch sehr wenig erforscht. Wir schenkten dieser Frage große Aufmerksamkeit. Auf der Grundlage der Arbeiten W. I. Palladins über die fermentativen Reaktionen in der lebenden und toten Pflanze legen wir unsere Auffassung dar über den teilweisen Ausschluß fermentativer Reaktionen aus den Stoffwechselprozessen der lebenden Pflanze.

Die ausgeschlossenen Fermente führen dem allgemeinen Stoffwechsel nicht koordinierte Reaktionen durch; es herrschen Abbaureaktionen und Oxydationen organischer Verbindungen vor. Im abgetöteten Gewebe ist die Koordination der Fermentreaktionen völlig aufgehoben (totaler Ausschluß nach Palladin), es kommt zur Autolyse. Ein teilweiser Ausschluß kann bei Einwirkung ungünstiger Faktoren auf die Pflanze und auch bei natürlicher Alterung des Organismus und seiner Gewebe vor sich gehen. Bei Ausschluß oxydierender Fermente, die bei Pflanzen sehr aktiv und durch verschiedenartige Typen vertreten sind, erfolgt in den Zellen eine tiefgreifende Oxydation verschiedener Stoffe. Dabei können physiologisch wichtige Verbindungen und sogar das Plasma selbst oxydiert werden. Der Ausschluß der Fermente erfolgt bei der Infektion als Ergebnis der Vergiftung des Organismus mit toxischen Ausscheidungen des Parasiten.

Bisher ist die Bildung spezifischer Schutzstoffe, in der Art der Antikörper des tierischen Organismus, in der Pflanze noch fraglich (CHESTER, 1933; SALAMAN, 1936). Man beobachtet in Pflanzen häufig Antikörper, die Bakteriolyse, Hämolyse, Agglutination von Bakterien u. a. hervorrufen. Sie haben aber meist keine Bedeutung für die Widerstandsfähigkeit des pflanzlichen Organismus gegenüber einer Infektion; daher rechnet man sie zur Kategorie der Pseudoantikörper. Nach Versuchen, in die lebende Pflanze Fermente einzuführen, kamen wir zu der Ansicht, daß in den Pflanzen als Reaktion des Plasmas auf das Eindringen bestimmter Körper spezifische Schutzstoffe entstehen können.

Die Arbeiten B. P. TOKINS (1942, 1948) über die „Phytonzide" regten die Erforschung der in der Pflanzenwelt weitverbreiteten unspezifischen Schutzstoffe sehr an. Die Entdeckung der Phytonzide öffnete den Weg zu fruchtbarer Arbeit bei der Suche nach antibiotischen Stoffen in höheren Pflanzen und führte zur Nachprüfung der Ansichten über den Schutzcharakter schon bekannter Verbindungen. Es ist noch zu früh, die Ergebnisse dieser Arbeiten zusammenzufassen. Die Frage ist nicht so einfach, wie es auf den ersten Blick scheint, und erfordert dringend weitere Bearbeitung.

In der vierten Phase, der Endperiode, erreicht die Entwicklung des Parasiten und der von ihm in der Pflanze hervorgerufenen Veränderungen ein solches Ausmaß, daß äußere Krankheitssymptome zu erkennen sind. Diese Phase der Wechselbeziehungen ist in morphologischer und physiologisch-anatomischer Hinsicht am besten untersucht. In den letzten Jahren wurden ihr einige ausführliche Arbeiten gewidmet (W. F. KUPREWITSCH, 1947; A. J. KOKIN, 1948; FISCHER und GÄUMANN, 1929).

Für die Aufklärung der Besonderheiten der Physiologie der kranken Pflanze bietet die vierte Phase das stärkste Interesse, während sie für die Aufklärung der physiologischen Ursachen der Resistenz weniger wichtig ist, da hier Schutzreaktionen nur schwach auftreten oder völlig fehlen. Deshalb beschreiben wir diese Phase nicht ausführlich.

II. Auswaschung von Stoffen aus den Geweben und die Immunität

A. Stoffauswaschung (Exosmose)

Auf die Oberflächengewebe der Pflanzen gelangen in der Natur häufig pathogene Bakterien oder Pilze, die aber meist absterben oder im Ruhezustand bleiben und somit die Pflanze nicht beeinträchtigen. Für den Übergang des Parasiten in den aktiven Zustand sind bestimmte günstige Faktoren notwendig. Besondere Bedeutung hat in dieser Beziehung das Wasser. Die ersten Entwicklungsphasen des Parasiten verlaufen im Wasser, das die Oberfläche der Pflanze benetzt. In dieser Zeit lebt der Parasit zunächst von eigenen Stoffen; im Wasser reichern sich nur Stoffe und Stoffwechselprodukte an, die aus ihm diffundieren. Je mehr Infektionen auf die Oberfläche gelangen, desto mehr Nährstoffe enthält das Benetzungswasser und desto günstiger sind die Bedingungen für die Anfangsphase der Entwicklung des Parasiten. A. Werner und A. Tjurinaja (1939) haben gezeigt, daß aus Sporen saprophytischer und parasitischer Pilze Stoffe diffundieren, die ihre Keimung beschleunigen. Bei Bewertung der „Menge der Infektionen“ sollte diese Tatsache beachtet werden.

In den weiteren Entwicklungsetappen des Parasiten beeinflussen sich Parasit und Wirt gegenseitig. Als Vermittler hierbei tritt wieder das Wasser auf. Es reichert sich mit organischen und anorganischen Stoffen an, die die Pflanze ausscheidet, es wird ein Nährmedium.[1]

Die Zusammensetzung dieses Nährmediums hängt vom Stoffwechsel der Pflanze und den Ausscheidungsfunktionen der Epidermis ab. Diese sind bisher nicht genügend untersucht, obwohl Arbeiten darüber vorliegen (Jost, 1914; Linsbauer, 1939). Die epidermale Ausscheidung findet entweder durch Drüsen oder durch die Cuticula direkt statt. Unter natürlichen Bedingungen können Pflanzen unter Umständen bedeutende Mengen verschiedener Stoffe ausscheiden.

N. G. Cholodny (1932) stellte Exosmose von Zucker aus reifenden Getreidekörnern und aus Beeren bei regnerischem Wetter fest. Arens (1934) beobachtete, daß bei Regen eine große Menge Mineralsalze aus den Pflanzen ausgewaschen wurden. Nach seinen Angaben können Pflanzen durch einen 24stündigen Regen bis zu 50% ihres Aschegehaltes verlieren. Im epidermalen Gewebe reichert sich nach Wasiuta (1949) Ascorbinsäure an, die leicht nach außen abgegeben werden

[1] Es ist natürlich notwendig, die biologischen Besonderheiten des parasitären Organismus und seine Ansprüche gegenüber den Umweltfaktoren in den ersten Entwicklungsphasen zu beachten; Angaben in der Literatur zeugen von beträchtlichen Unterschieden in der Keimungsbiologie der Sporen bei verschiedenen pathogenen und saprophytischen Pilzen (Gottlieb, 1950).

kann. Die leichte Auswaschbarkeit des Biotins aus Geweben höherer Pflanzen hat W. W. Filippow (1950) bewiesen. Biotin ist bekanntlich für die Ernährung von Pilzen und Bakterien wichtig. Die Ausscheidung von Stickstoffverbindungen durch höhere Pflanzen untersuchte W. F. Altergot (1936). Er stellte die Anhäufung großer Mengen Ammoniak in Pflanzen fest, auf die hohe Temperaturen eingewirkt hatten, und entwickelte eine Theorie über den Hitzetod der Pflanze. Danach ist er die Folge einer Ammoniakvergiftung durch den Zerfall stickstoffhaltiger organischer Verbindungen. Altergot beobachtete die Ausscheidung von Ammoniak bei der Guttation und bei Befeuchtung der Pflanzen.

B. Auswaschung von Stoffen in Verbindung mit der Resistenz von Baumwolle gegen Gummose und von *Citrus*-Gewächsen gegen Rußtau

Wie dargelegt wurde, diffundieren in das die Epidermis benetzende Wasser verschiedene für die Entwicklung des Parasiten notwendige Stoffe.

Der Parasit findet aber in den ersten Phasen seiner Entwicklung nicht nur günstige Bedingungen, denn es werden aus der Pflanze auch Stoffe mit antibiotischen Eigenschaften abgegeben, die ihn hemmen oder sogar abtöten. In den letzten Jahren ist die weite Verbreitung von Antibiotica bei höheren Pflanzen nachgewiesen worden. Die Konzentration der Stoffe mit positiver Wirkung ist für den Parasiten nicht immer optimal: Entweder ist sie zu niedrig und genügt den Nährstoffansprüchen des Organismus nicht, oder aber sie ist zu hoch, was man besonders bei starker Verdunstung beobachtet; dann wirkt auf den Parasiten ein zu hoher osmotischer Druck. Außerdem entwickelt sich in der Feuchtigkeit auf der Pflanze nicht nur ein einziger Parasit, sondern ein Komplex von Mikroorganismen, die sich häufig in Antagonismus zueinander befinden.

In diesem Kapitel werden wir Fälle behandeln, bei denen die Bedingungen für die Entwicklung der Mikroorganismen günstig sind. Brown (1916, 1922) führte Untersuchungen zur Frage der Beziehungen zwischen Parasit und Wirtspflanze durch. Er fand, daß die Diffusionsgeschwindigkeit von Stoffen aus der Pflanze in den sogenannten Infektionstropfen wichtig ist. Er benetzte Blütenblätter mit destilliertem Wasser und bestimmte darin die Leitfähigkeit. Parallel dazu infizierte er Blütenblätter mit Sporenaufschwemmungen von *Botrytis cinerea* in destilliertem Wasser. Bei der Untersuchung der Blütenblätter von *Cereus* und *Gloxinia* fand Brown, daß die Diffusion von Elektrolyten aus *Cereus* schneller erfolgt als aus *Gloxinia*; ebenso verläuft die Infektion bei *Cereus* schneller. Wenn die Sporen nicht in Wasser, sondern in Rüben-Dekokt aufgeschwemmt wurden, war die Infektionsgeschwindigkeit bei *Cereus* und *Gloxinia* gleich.

Die Versuche zeigen, daß die Ernährungsbedingungen des Parasiten in frühen Entwicklungsphasen seine Aggressivität beeinflussen.

Eine klare Abhängigkeit zwischen der Auswaschbarkeit leicht oxydierbarer Stoffe aus Weizenblättern und der Resistenz der Sorten gegen Rost stellte A. J. Kokin (1948) fest.

Zweifellos erlaubt das Studium der ersten Entwicklungsphase des Parasiten und seiner Ernährungsbedingungen im Infektionstropfen, die komplizierten Wechselbeziehungen zwischen den beiden Organismen genau zu erkennen. In einigen Fällen ermöglicht die Untersuchung der Auswaschbarkeit von Stoffen aus der Pflanze, eine Prognose über ihre Anfälligkeit oder Resistenz zu stellen.

Zur Erklärung und Begründung des Gesagten erläutern wir die Ergebnisse von Versuchen mit Baumwolle (in Verbindung mit der Gummose) und mit Pomeranzen (in Verbindung mit dem Rußtau).

Diese Versuche haben wir gemeinsam mit E. G. Kling (1936) in Pachtalykkul (Fergana, Usbekische SSR) an Pflanzen aus den Zuchtgärten des Züchters L. W. Rumschewitsch durchgeführt.

Die Gummose der Baumwolle ist eine Bakteriose, die durch *Bacterium* (*Xanthomonas*) *malvacearum* Smith verursacht wird. Zu den Wirtspflanzen gehören nur die Gattung *Gossypium*, nicht die anderen Malvaceen, wie der Artname des Erregers andeutet. Man findet *B. malvacearum* nur als Parasiten, doch läßt es sich leicht auf Nährböden kultivieren. Der Baumwollanbau aller Länder erleidet jedes Jahr bedeutenden Schaden durch die Gummose. In der Sowjetunion wurden erfolgversprechende Maßnahmen zur Bekämpfung der Gummose ausgearbeitet und durchgeführt (Werderewski, 1938). In den Hauptanbaugebieten für Baumwolle in der UdSSR ist deshalb der Schaden durch Gummose unbedeutend, aber in den neuen Baumwollanbaugebieten ist diese Bakteriose verbreitet und eine gefährliche Krankheit (Reingard, 1948).

B. malvacearum infiziert Kotyledonen, Blätter, Stengel und Kapseln der Baumwolle. Die Symptome der Erkrankung sind folgende: Auf den infizierten Organen erscheint ein fettiger Fleck, der sich bei günstigen Witterungsbedingungen schnell vergrößert. Später werden aus den Flecken Tropfen einer zähen Flüssigkeit ausgeschieden, die massenhaft Bakterien enthalten. Gelangt diese Flüssigkeit auf Nachbarpflanzen, ruft sie dort sekundäre Erkrankungen hervor. Die Primärinfektion entsteht wahrscheinlich durch Saatgutverseuchung. Bei starkem Blattbefall (Blattform der Gummose) wird die Entwicklung der Pflanze gehemmt und der Ertrag vermindert. Bei Befall der Stengel (Stengelform) wird ihre Festigkeit verringert, sie brechen um. Infektion der Kapseln beeinträchtigt Ertrag und Qualität der Wolle. Bei der Kotyledonenform der Gummose wird die Baumwollpflanze in frühen Entwicklungsphasen infiziert, bei der Stengelform dagegen in späteren Stadien (Lagasidse, 1950).

Die Biologie und Ökologie des Erregers und besonders Maßnahmen zu seiner Bekämpfung wurden von sowjetischen Phytopathologen erarbeitet (Babajan und Mitarbeiter, 1936; Werderewski, 1937, 1938). Notwendige Voraussetzung für eine Infektion ist die Anwesenheit eines Tropfen Wassers auf der Pflanze. Die Bedeutung dieses Faktors wurde in exakten Untersuchungen bewiesen (Werderewski, 1937). In dieser Feuchtigkeit geht die Vermehrung der Bakterien vor sich und wird der Kontakt zwischen ihnen und dem pflanzlichen Gewebe hergestellt.

Bei Baumwolle reichert sich die Feuchtigkeit auf dem Blatt mit organischen Stoffen an, dazu gehört auch Nektar, der aktiv abgeschieden wird (Iwanowa-Paroiskaja, 1950). Im Ferganer Tal ist die Gummose bedeutungslos, obgleich sie in manchen Jahren auftritt. Nach mehrjährigen Beobachtungen werden die Sorten der ägyptischen Baumwolle (*Gossypium barbadense*) dort stärker befallen als die „Upland"-Sorten (*G. hirsutum*).[1]

Wahrscheinlich beginnen die meisten Bakteriosen, darunter auch die Gummose, mit der Vermehrung des Krankheitserregers in der Flüssigkeit, die die Oberfläche der Pflanze benetzt. Das anfänglich für die Pflanze harmlose Zusammenleben geht mit dem Maße der Vermehrung der Mikroben in echten Parasitismus über. Die Wege des Parasiten in die Pflanze, die strukturellen und chemischen Verhältnisse in den infizierten Geweben wie auch die Ursachen der Widerstandsfähigkeit können unterschiedlich sein.

Zur Prüfung unserer Annahme untersuchten wir bei einigen Baumwollsorten die Auswaschbarkeit organischer Stoffe aus den Blättern. Die Menge des ausgewaschenen Stoffes wurde durch seine Oxydation mit $KMnO_4$ in saurem Medium bei 100° C bestimmt. Unsere Methode gibt bei vergleichenden Bestimmungen befriedigende Ergebnisse und wurde nach ihrer Veröffentlichung (Suchorukow, 1937) von anderen Forschern angewendet.

Die Bestimmung wurde folgendermaßen durchgeführt: Eine Probe (10 g) frischer unbeschädigter Blätter wurde schnell in kaltem destilliertem Wasser gewaschen. Dann wurde sie 20 Minuten in 40 ml destilliertem Wasser bei 30° C gehalten. Die Schnittflächen tauchten nicht ein, infolgedessen war eine Auswaschung aus den Schnittflächen ausgeschlossen. Dieses Wasser reduzierte dann leicht $KMnO_4$. Aus dem Verbrauch von Permanganat kann man auf die Konzentration der organischen Stoffe im Wasser schließen. 20 ml der Flüssigkeit wurden im Erlenmeyerkolben mit einer abgemessenen Menge 0,1 n $KMnO_4$ versetzt. Das Gemisch wurde angesäuert, bis es 5% Schwefelsäure enthielt, und auf dem Sandbad bis zum Sieden erhitzt. Dann wurde unter fließendem Wasser abgekühlt und das unverbrauchte Permanganat jodometrisch zurücktitriert.

Versuch Nr. 1 wurde unter Bedingungen durchgeführt, die für das Auftreten der Gummose ungünstig waren. Wie wir sehen, bestätigt dieser Versuch unsere Annahme: Die befallenen Sorten Aschmuni und Pima zeigten eine starke Auswaschung. In diesem Versuch wurden bei allen Sorten voll entwickelte Blätter des dritten Wirtels (von oben gezählt) genommen (Tab. 1).

Durch den Versuch Nr. 2 sollte der Einfluß des Alters des Blattes auf die Auswaschbarkeit organischer Stoffe aufgeklärt werden. Hierzu wurden zwei Sorten benutzt: Nawrotzki und Pima. (Nawrotzki ist eine resistente Upland-Sorte, Pima

[1] Die „Upland-Sorten", die zu *G. hirsutum* gehören, sind in der Kultur weit verbreitet. Die ägyptische Baumwolle ist im Anbau durch Sorten vertreten, die Samen mit langen Haaren bilden; diese Baumwolle gehört zu *G. barbadense* L. Angaben über Systematik und Geographie der Gattung *Gossypium* und über die Abstammung der Kultursorten der Baumwolle kann man bei P. M. Shukowski (1950) finden.

Tabelle 1. Auswaschbarkeit organischer Stoffe aus Blättern verschiedener Baumwollsorten

Baumwollsorte	Organische Substanz in ml 0,1 n $KMnO_4$/g Blätter
Aschmuni	0,7
Pima	0,56
Nawrotzki	0,25
(mit Bastarden)	
182	0,46
13 751	0,35
13 791	0,39

eine anfällige ägyptische.) Blätter aus drei Altersstufen wurden verwendet: 1. junge Blätter (zweites Paar von oben), 2. Blätter der mittleren Altersstufe (fünftes Paar) und 3. alte Blätter (achtes Paar) (Tab. 2).

Tabelle 2. Auswaschbarkeit organischer Stoffe in Abhängigkeit vom Blattalter

Baumwollsorte	Blattwirtel (von oben gezählt)	Organische Substanz in ml 0,1 n $KMnO_4$/g Blätter
Pima	2.	0,49
	5.	0,31
	8.	0,24
Nawrotzki	2.	0,25
	5.	0,18
	8.	0,25

Während man bei der Upland-Sorte keine Unterschiede zwischen den alten und den jungen Blättern findet, werden bei der ägyptischen Baumwolle die meisten reduzierenden Substanzen aus jungen Blättern ausgewaschen.

Zum Versuch Nr. 3 wurden junge Blätter (zweiter Wirtel von oben) einiger Baumwollsorten genommen (Tab. 3).

Tabelle 3. Auswaschbarkeit organischer Stoffe aus jungen Blättern verschiedener Baumwollsorten

Sorte	Organische Substanz in ml 0,1 n $KMnO_4$/g Blätter
Pima	0,97
13751	0,33
13791	0,62
182	0,32
Nawrotzki	0,36

In diesem Versuch wurde wiederum aus den Blättern der ägyptischen Sorte besonders viel organische Substanz ausgewaschen.

Versuch Nr. 4 sollte den Einfluß der Temperatur auf die Auswaschbarkeit von Stoffen aus dem Blatt klären. Blätter des dritten Wirtels der Sorten Pima und Nawrotzki wurden bei Temperaturen von 27—30° C, 37—40° C und 40—45° C in Wasser (s. Methode) gehalten (Tab. 4).

Tabelle 4. Auswaschbarkeit organischer Stoffe aus Baumwollblättern bei verschiedenen Temperaturen

Sorte	Organische Substanz in ml 0,1 n $KMnO_4$/g Blätter bei Temperaturen in °C		
	27—30°	37—40°	40—45°
Pima	0,30	0,36	0,51
Nawrotzki	0,19	0,20	0,20

Bei der Upland-Sorte (Nawrotzki) ändert sich die Auswaschbarkeit bei Erhöhung der Temperatur weniger. Bei der ägyptischen Baumwolle wird sie erhöht und steigt bei 40—45° C stark an. Absterben der Blätter wurde nicht beobachtet, nach dem Versuch behielten die Blätter noch lange ihren Turgor.

Eine Charakterisierung der Sorten nach ihrer Widerstandsfähigkeit gegen Gummose gibt es in der Literatur nicht. Wir glauben, daß die Entwicklungsgeschwindigkeit der Pflanze mit den sie begleitenden Alterungsprozessen der Hautgewebe und der Verringerung der Diffusion organischer Stoffe bei der Befeuchtung dieser Gewebe ein die Resistenz bestimmender Faktor ist.

Diese Versuche wurden einige Male wiederholt. Wir führen die Ergebnisse in Tab. 5 an.

Tabelle 5. Zusammengefaßte Darstellung der Auswaschbarkeit organischer Stoffe aus Baumwollblättern

Sorte	Zahl der Analysen	Ausgewaschene organische Stoffe in ml 0,1 n $KMnO_4$/g Blätter	Abweichungen vom arithmetischen Mittel
Aschmuni	6	0,57	+0,13 —0,13
Pima	7	0,61	+0,16 —0,15
13751	5	0,39	+0,16 —0,06
Nawrotzki	8	0,28	+0,16 —0,08

Man kann also die Anfälligkeit einer Baumwollsorte gegen Gummose danach feststellen, in welchem Grade die Blätter organische Substanz abgeben.

In der Natur kommen Krankheiten vor, bei denen sich der Erreger nur auf der Oberfläche der Pflanze entwickelt, ohne in die Gewebe einzudringen. Die Krankheitserreger treten in diesem Falle als eigenartige Epiphyten auf, die ihre Nahrung und alle für ihr Leben notwendigen Bedingungen in der die Oberfläche der Gewebe befeuchtenden Flüssigkeit finden. Als Beispiel einer solchen Erkrankung kann der

Rußtau dienen. Beobachtungen und Versuche mit Rußtau wurden von uns zusammen mit A. N. NOWOSSELOWA (SUCHORUKOW und NOWOSSELOWA, 1950) durchgeführt. Die Witterungsbedingungen der Sommer 1949 und 1950 — häufiger Regen und viele trübe Tage — begünstigten die Entwicklung der Krankheit.

Von dem Rußtau werden viele Pflanzen befallen, besonders im Gewächshaus. Die äußeren Merkmale der Infektion sind folgende: Blätter, Früchte und Stengel junger Triebe werden mit einem dunklen rußähnlichen Belag überzogen. Er läßt sich leicht entfernen, darunter findet man gesundes Gewebe. Bei mikroskopischer Untersuchung stellt man ein dichtes Geflecht kurzer Hyphen und eine Menge verschiedenartiger Sporen fest. Rußtau wird nicht durch einen einzelnen Pilz hervorgerufen, daher hat die frühere Bezeichnung des Erregers — *Fumago vagans* — heute nur noch historische Bedeutung. Als Erreger des Rußtaues treten verschiedene Pilze auf, deren Bestimmung viel Schwierigkeiten bereitet. Am vollständigsten ist der Rußtau von N. N. WORONICHIN (1937) bei *Citrus*-Gewächsen untersucht worden, der die an diesen Pflanzen häufigen Arten von Rußtauerregern bestimmte.

In Übereinstimmung mit der vorherrschenden Meinung ist das Auftreten des Rußtaus mit der Anwesenheit von Blattläusen (BONDARZEW, 1931) und Schildläusen (GEORGOBIANI und MITROFANOW, 1949) auf den Pflanzen verbunden, in deren Ausscheidungen sich die Pilze ansiedeln. Die Entwicklung des Rußtaus wird durch starke Beschattung und schwache Durchlüftung begünstigt.

Die Schädlichkeit des Rußtaus beruht offensichtlich auf einer Hemmung der Photosynthese durch die Lichtabsorption des dunklen Belages und auf einer Störung des Wärmehaushalts der infizierten Organe. Nach ihrer Biologie können die Rußtau-Pilze zu den Epiphyten gerechnet werden (SORAUER, 1928).

Als Versuchspflanzen verwendeten wir Pomeranzen, die im Gewächshaus stark von Rußtau befallen werden. Der Rußtau bedeckt gewöhnlich die Oberseite der Blätter, auf der man immer Tropfen einer klaren, zähen Flüssigkeit beobachten kann. Die auseinanderfließenden Tropfen bedecken die ganze Oberfläche des Blattes, die dann schnell von den Pilzen überwachsen wird.

Von den Versuchspflanzen wurden Rußtau und alle Ausscheidungen durch Abwaschen mit Wasser und leichtes Abreiben mit feuchter Watte entfernt. Nach 30 Tagen wurden von neuem Tropfen der zähen Flüssigkeit und Rußtau festgestellt. Sämtliche Ausscheidungen wurden vollständig abgewaschen und analysiert. Bei der qualitativen Bestimmung wurden reduzierende Zucker (viel) und Ammoniak (wenig) festgestellt. Aminosäuren, Gerbstoffe, Phenole und freie Säuren wurden nicht gefunden. Bei der quantitativen Bestimmung wurde festgestellt, daß von einer Blattfläche von 35,8 qdm 125 mg Zucker oder 3,5 g bei Umrechnung auf 1 qm abgewaschen worden waren. Im Laufe eines Monats scheidet 1 qm Blattoberfläche folglich nicht weniger als 3,5 g Zucker aus. Wahrscheinlich wird noch mehr ausgeschieden aber nicht gefunden, weil ein Teil von den Pilzen veratmet wird.

In der Abscheidung organischer Stoffe (Zucker) in solchen Mengen sehen wir eine der Ursachen für die Entwicklung des Rußtaus, in der Stärke der Abscheidung aber eine Störung des Stoffwechsels der Pflanze. Wir bezweifeln die Bedeutung von Insekten für die Verbreitung des Rußtaus nicht. Daß die Krankheit aber allein von Insekten verbreitet werden soll, ist schwer einzusehen.

Unsere nächste Aufgabe bestand darin, Einflüsse auf die Pflanze zu finden, welche die Ausscheidungsprozesse herabsetzen. Wir beschränken uns auf die Untersuchung der Aufnahme von Calciumnitrat (0,02%) und Calciumchlorid (0,005%) durch die Blätter. Die Pflanzen wurden mit einer Handspritze vom 22. Juni bis 31. August (in zehntägigem Abstand) mit einem Gemisch dieser Lösungen besprüht. Bereits nach einem Monat wurden Unterschiede zwischen den Kontroll- und Versuchspflanzen festgestellt. An den Versuchspflanzen entwickelte sich der Rußtau schwächer oder trat überhaupt nicht auf. Die Ausscheidungen an der Blattoberfläche waren geringer.

Neben den Beobachtungen des äußeren Zustandes der Pflanzen bestimmten wir periodisch den Gesamtstickstoff in den Blättern und die Auswaschbarkeit organischer Stoffe. Diese Bestimmung wurde mit der früher beschriebenen Methode durchgeführt. Geringe, aber deutliche Veränderungen im Gesamtstickstoffgehalt wurden erst gegen Ende des zweiten Versuchsmonats festgestellt: Die Blätter der Kontrollpflanze enthielten 2,01%, die der Versuchspflanze 2,4% Gesamtstickstoff (bezogen auf Trockengewicht). Auffallende Veränderungen gingen in der Auswaschbarkeit vor sich: Bereits nach den ersten Einwirkungen senkte sich bei den Versuchspflanzen die Auswaschbarkeit um das Zwei- bis Dreifache gegenüber den Kontrollpflanzen. Dieses niedrige Niveau wurde bis zum Ende des Versuchs beibehalten.

Für die Rußtaupilze sind also organische Stoffe auf der Pflanze notwendig. Es wurde ein Zusammenhang zwischen der Auswaschbarkeit organischer Stoffe aus dem Organ und seiner Anfälligkeit festgestellt.

A. N. Nowosselowas physiologische Untersuchungen der Rußtaupilze zeigten, daß sich die Pilze gut auf Nährböden entwickeln und sich leicht den osmotischen Verhältnissen des Mediums anpassen. Bei hohem osmotischen Druck (bis 2 m Glucose) entwickeln sie sich wie typisch osmophile Organismen. Das verschafft den Pilzen vor anderen Mikroorganismen bei der Entwicklung auf Nährböden mit wechselndem osmotischem Druck einen Vorteil. Derartige Lebensbedingungen finden sich auch auf der Oberfläche der Pflanze.

C. Bedeutung der Exosmose für die Erkrankung

Beeinflußt die Exosmose in allen Fällen die Anfälligkeit der Pflanze? Kann man sich bei der Feststellung des Resistenzgrades von der Fähigkeit der Pflanze zur Exosmose leiten lassen? Eine endgültige Antwort auf diese Fragen gibt es bisher nicht. Die Auswaschbarkeit ist das Ergebnis physiologischer und physikalischer Prozesse, die von der Pflanze und der Umwelt abhängen. Die Anfangsentwicklung des Parasiten wird von den Nährstoffen auf der Pflanzenoberfläche begünstigt. Für Epiphyten ist der ständige Zufluß von Nährstoffen lebenswichtig. Die Geschwindigkeit der Exosmose solcher Stoffe bestimmt ihre

Entwicklung. Für die Mehrzahl der parasitischen Organismen gestalten sich die Lebensbedingungen jedoch anders.

Diese Parasiten dringen in Gewebe und Zellen ein. Finden sie ungünstige Bedingungen, so sterben sie ab, unabhängig von den Bedingungen im vorhergehenden Stadium. Finden sie günstige Bedingungen, so müßte eine Abhängigkeit zwischen Exosmose und Resistenz deutlich werden.

Wir sollten also die Exosmose als einen der Faktoren betrachten, die die Wechselbeziehungen zwischen dem parasitierenden Organismus und dem Wirtsorganismus in den ersten Entwicklungsstadien des Parasiten bestimmen. Die Bedeutung dieses Faktors für die Resistenz der Pflanze hängt von der weiteren Entwicklung des Wirt-Parasit-Verhältnisses ab.

III. Eindringen des Parasiten in die Pflanze

A. Chemotropismus und Chemotaxis

Das Eindringen des parasitären Organismus in das Gewebe der Wirtspflanze wird in der Literatur ziemlich ausführlich behandelt.

Wie in Kapitel II geschildert, verläuft die Entwicklung des Parasiten zunächst auf der Oberfläche des Wirtes. Hier findet er Nährstoffe und wird gleichzeitig Reizen ausgesetzt, die seine Bewegung in das Innere des Gewebes lenken. Die Bewegung auf einen chemischen Reiz in einer bestimmten Richtung dazu bezeichnet man als Chemotropismus oder Chemotaxis. Chemotropismus ist die Bewegung der Teile eines Organismus (Wurzelspitzen, wachsender Pilzhyphen usw.). Chemotaxis ist die Bewegung des ganzen Organismus (Bakterien, Zoosporen von Pilzen usw.). Verlaufen sie gegen das Konzentrationsgefälle, dann sind sie positiv, gehen sie mit dem Gefälle, nennt man sie negativ. Im Leben der Pflanzen spielen Chemotropismus und Chemotaxis eine große Rolle. Man muß sie auch bei der Untersuchung des Eindringens des Parasiten in die Pflanze berücksichtigen. Die parasitischen Organismen zeigen positiven Chemotropismus oder positive Chemotaxis und bewegen sich dem Stoffstrom aus der Zelle entgegen, d. h. in Richtung auf die Zelle.

Die Bedeutung eines chemischen Reizes für das Anlocken des Parasiten zu den Geweben der Wirtspflanze steht fest. Ungeklärt bleibt die Frage nach den Stoffen, die Chemotropismus und Chemotaxis hervorrufen, nach ihrer Spezifität in jedem Einzelfalle und auch nach der Bedeutung ihrer Konzentration. Da die Festigkeit der Zellwand infolge sekundärer Veränderungen manchmal sehr groß ist, kann das Eindringen des Parasiten erschwert werden.

Über diese Frage liegen viele Untersuchungen vor.

B. Eindringen der Parasiten in Gewebe und Zellen

De Bary (1886) stellte in Ausscheidungen von *Sclerotinia sclerotiorum* die Anwesenheit eines hydrolytischen Fermentes fest. Er nahm an, daß beim Eindringen des Pilzes die Zellwand fermentativ aufgelöst wird. Nach Ward (1888, 1905) ermöglichen Fermente des Pilzes den Hyphen, schnell in die Zelle einzudringen. Die Produkte der fermentativen Reaktionen sollen dem Pilz als Nahrungsquelle dienen. Smith (1902) stellt bei der durch *Botrytis cinerea* hervorgerufenen Pflanzenkrankheit drei Perioden fest: 1. der Pilz tötet durch seine Ausscheidungen lebende Zellen; 2. er dringt mechanisch in die Zelle ein; 3. er baut Zellinhaltsstoffe fermentativ ab. Harter und Weimer (1923) untersuchten die durch *Rhizopus nigricans* hervorgerufene Fäule der Batate. Beobachtungen des Pilzwachstums und der Veränderungen der infizierten Gewebe führten diese Forscher zu der Ansicht, daß der Parasit zuerst die Pektine der Mittellamellen zersetzt und sich saprophytisch entwickelt, wobei er die Bausteine der Pektine verwertet. Im Verlauf seiner Entwicklung dringt der Pilz in die getrennten Zellen ein und ruft in ihnen Fäulnisprozesse hervor. In ruhenden und auskeimenden Sporen von *R. nigricans* fanden HARTER und WEIMER aktive Pektinase.

Nach einer Theorie von MASSEE (1905) nähern sich die Parasiten anfälligen Pflanzen chemotaktisch. Er untersuchte 17 obligate Parasiten, zu denen er auch spezialisierte fakultative Parasiten rechnete, nichtspezialisierte Parasiten und typische Saprophyten. Als Reizquellen benutzte MASSEE Rohrzucker, Glucose, Asparagin, Äpfelsäure und Dekokte aus Blättern von Kürbis, Tomate und Brombeere. Saprophyten und „omnivore" Parasiten reagierten positiv auf Zucker und negativ auf die Dekokte, Äpfelsäure und Asparagin. Spezialisierte Parasiten reagierten positiv auf Dekokte der von ihnen infizierten Pflanzen. Einige von diesen Parasiten reagierten ebenfalls positiv auf Äpfelsäure und Asparagin. Aus seinen Beobachtungen schließt MASSEE: Zucker ist kein spezifischer Stoff irgendeiner Einzelpflanze oder einer Gruppe von Pflanzen, da er unter den Pflanzenstoffen weit verbreitet ist; Äpfelsäure und Asparagin kommen in beachtlichen Mengen in den Zellen vieler Pflanzen vor, ihre Menge ändert sich im Entwicklungsprozeß des Organismus. Weil „omnivore" Parasiten auf Zucker reagieren, befallen sie viele Pflanzen; obligate Parasiten erhalten den Stimulus zum Befall jedoch von spezifischen Pflanzenstoffen, nur diese stellen für sie chemische Reizquellen dar.

Die Theorie MASSEES wurde populär, und man kommt häufig bei der Suche nach den Ursachen der Resistenz von Pflanzen gegen diese oder jene Erkrankung auf sie zurück. Offensichtlich erklärt sie aber nur die erste Phase, nämlich die Anlockung des Parasiten an die Pflanze. Es bleiben sowohl die Reaktionen der Pflanze auf die Infektion als auch die Bedingungen, die der Parasit beim Eindringen in die Pflanze findet, vollständig unberührt.

Die Zerstörung der Mittellamellen des Gewebeverbandes führt zu seinem Zerfall. Die isolierten Zellen erhalten keine Nahrung, verlieren ihre Widerstandsfähigkeit gegen die Infektion und werden für den Parasiten zugänglich. Bei der Untersuchung der Physiologie parasitärer Organismen wird den Pektasen und Pektinasen als Fermenten zum Angriff auf die Wirtspflanze große Aufmerksamkeit entgegengebracht.

Dieser Weg in die Zelle ist nicht bei allen parasitären Organismen gleichartig. Beobachtungen und Versuche hierüber zeigen, wie mannigfaltig die Wege sein können. In vielen Fällen dringen die Parasiten, besonders die obligaten, direkt durch die Zellwand ein.

MIYOSCHI (1894, 1895) beobachtete bei der Untersuchung des Chemotropismus von Pilzen, daß *Botrytis bassiana* und *B. tenella* positiv reagierten; ihre Hyphen wuchsen in Richtung stickstoffhaltiger organischer Stoffe, wie Fleischextrakt und Pepton. Auf Harnstoff reagierten sie nur schwach. Auf Rohrzucker und Glucose gaben sie keinerlei Reaktion. Schimmelpilze reagierten positiv auf schwache Zuckerkonzentrationen. Stießen die chemotrop gereizten Hyphen auf Hindernisse, so konnten sie eine Cuticula, Pergament, eine Chitinschicht und sogar ein feines Goldplättchen durchstoßen.

Zunächst bilden viele parasitäre Pilze Appressorien, in denen sich lebendes Hyphenmaterial ansammelt. Dann wächst aus den Appressorien ein feiner Myzelfaden durch die Zellwand, in den sich das Plasma ergießt (DEY, 1919 und PFAFF, 1925). N. W. PILAT hat interessante Beobachtungen über die Art und Weise gemacht, in der Hyphen entomophiler Pilze die Chitinhülle von Insekten durchstoßen. Er infizierte Larven verschiedener Schadinsekten mit Sporen des Muscardine-Erregers und beobachtete die Ausbreitung der Infektion. Seine Abbildungen zeigen deutlich den Chemotropismus der Hyphen und wie sie vor der Perforation der Chitinmembran anschwellen. Das Eindringen der Hyphen durch das Chitin geschieht zweifellos mechanisch, obwohl PILAT die Beteiligung von Chitinasen vermutet.

Über die mechanische Zerstörung der Zellwand durch Parasiten haben BLACKMAN und WELSFORD (1916) und BROWN (1915) sowie BROWN und HARVEY (1927) gearbeitet. Allerdings änderte BROWN (1936, 1937) später seine Auffassung und schreibt jetzt der Pektinase eine wichtige Funktion dabei zu. Einige fakultative Parasiten, wie z.B. von *Botrytis* und *Sclerotinia*, töten die Zelle vor dem Eindringen mit giftigen Ausscheidungen ab.

In den toten Zellen werden komplizierte organische Verbindungen fermentativ zu einfachen, dem Parasiten leicht zugänglichen abgebaut. Die Zellen verlieren den Turgor, ihr Volumen verringert sich, und die Interzellularen füllen sich mit dem aus den Zellen austretenden Zellsaft. Der Pilz findet einen für ihn völlig vorbereiteten Nährboden, entwickelt sich gut und hat in der ersten Zeit keine Konkurrenten in Form saprophytischer Mikroben. Die abgetöteten Zellen stellen ein Milieu dar, das nicht nur der Besiedlung durch den Parasiten, sondern auch gewöhnlichen Saprophyten leicht zugänglich ist. Diese können sich auf toten Substraten besser entwickeln als die Parasiten; mit manigfaltigen und aktiveren Fermenten zersetzen sie den toten Organismus und assimilieren die Zersetzungsprodukte schnell. Ihre Ausscheidungen hemmen und töten schließlich den Parasiten, der zuvor das Milieu für ihre Entwicklung vorbereitet hat. Toxine gestatten dem Parasiten zwar, sich der Pflanze schnell zu bemächtigen, er kann sich aber auf dem abgetöteten Gewebe nicht weiter entwickeln. Toxische Ausscheidungen sind nicht nur einzelnen, sondern einer großen Anzahl sowohl fakultativer als auch obligater Parasiten eigen. Es bestehen graduelle Unterschiede in ihrer Giftwirkung auf die Pflanze. Darauf wird noch etwas ausführlicher eingegangen werden.

A. I. GRETSCHUSCHNIKOW und N. N. JAKOWLEWA (1951) untersuchten das Eindringen der Zoosporen von *Synchytrium endobioticum* in junge Kartoffelpflanzen. Bei Stengeln, von denen man die Epidermis entfernt hatte, fand keine Infektion statt, während sie bei solchen mit intakter Epidermis und Cuticula normal verlief. Die Autoren geben der auf den ersten Blick merkwürdigen Erscheinung folgende Erklärung. In den Zoosporen von *S. endobioticum* ist mikrochemisch ein Fetttröpfchen nachgewiesen worden. Bei der Berührung der Zoospore mit der Cuticula tritt das Fett nach außen, benetzt die Cuticula und löst sie auf. Dann dringt die Zoospore leicht in das Gewebe ein. A. I. GRETSCHUSCHNIKOW und N. N. JAKOWLEWA isolierten Fett aus Krebsgeschwülsten der Kartoffel und zeigten, daß es ein ausgezeichnetes Lösungsmittel für die Cuticula darstellt. Die Cuticula kann aber nicht nur fermentativ, sondern auch physikalisch zerstört werden.

IV. Fermente und Immunität

A. Fermente der Saprophyten und Parasiten

Der Stoffumsatz verläuft in den Organismen unter Teilnahme vieler Fermente, die die chemischen Reaktionen in den Zellen beschleunigen. Fermente werden durch ihre Spezifität charakterisiert, d. h. sie beschleunigen nur Reaktionen eines Typs und sogar nur eine bestimmte Reaktion. Die Aktivität der Fermente hängt von der Temperatur, dem Säuregrad, dem Redoxpotential und von Aktivatoren und Hemmstoffen ab.

In den letzten Jahren ist die chemische Natur einiger Fermente aufgeklärt worden. Einige wurden kristallin dargestellt. Dabei erwies es sich, daß die Fermente Eiweiße sind. Nach manchen Auffassungen machen die Fermente einen bedeutenden Teil des Zelleiweißes aus (BLAGOWESTSCHENSKI, 1950) bzw. sind alle Plasma-Eiweiße Fermente (VIRTANEN, 1949).

Die unter Teilnahme von Fermenten ablaufenden Reaktionen sind gut untersucht, aber der Mechanismus der Fermentwirkung selbst ist noch weitgehend ungeklärt, in vielen Fällen kann man nur Vermutungen hierüber äußern.

Fermente beschleunigen chemische Reaktionen innerhalb wie außerhalb der Zelle; sie können in vivo und in vitro wirken.

Die moderne Wissenschaft von den Fermenten — die Enzymologie — untersuchte die Fermente und die fermentative Wirkung vor allem außerhalb des lebenden Organismus. Gegenwärtig werden Fermente und ihre Wirkungen in der Zelle untersucht; solche Arbeiten werden von den sowjetischen Gelehrten A. I. OPARIN, A. L. KURSSANOW und ihren Mitarbeitern und Schülern durchgeführt. Diese Richtung wird viel Neues für die Physiologie und das Verständnis der Rolle der Fermente bei der Immunität der Organismen gegen Infektionskrankheiten ergeben.

Die Geschwindigkeit des Stoffwechsels können wir nach der Intensität der Assimilations- und Dissimilationsprozesse und der Vermehrungsrate der Organismen beurteilen. Wir zitieren Angaben aus dem Lehrbuch „Pflanzenphysiologie“ von S. P. KOSTYTSCHEW (1937) über die Atmung bei verschiedenen Pflanzen (Tab. 6).

Man sieht, wie schnell die Atmung, als ein Teil des allgemeinen Stoffwechsels, bei Bakterien und Pilzen gegenüber höheren Pflanzen verläuft. Hiermit stimmt auch die Vermehrungsgeschwindigkeit der niederen Pflanzen überein; interessante Tatsachen und Berechnungen dazu führt W. J. WERNADSKI im „Abriß der Geochemie“ (1927) an.

Die bei Pilzen und Bakterien stürmisch verlaufenden Stoffwechselprozesse haben eine große Bedeutung für den Kreislauf der chemischen Elemente auf der Erde und für die Mineralisierung organischer Verbindungen. Diese Fähigkeiten der

Tabelle 6. Atmungsintensität bei verschiedenen Pflanzen

Organismus	pro Gramm Trockengewicht im Laufe eines Tages	
	aufgenommen ml O_2	abgegeben ml CO_2
Blätter von Gräsern	12,8—27,2	—
Bacillus mesentericus vulgatus	1164,3	—
Aspergillus niger (zwei Tage alte Kultur)	—	1874
Azotobacter chroococcum	—	709

Mikroorganismen werden in Industrie und Landwirtschaft in großem Maßstab ausgenutzt (Brotbäckerei, Weinbrennerei, Weinkelterei, Brauerei, Herstellung organischer Säuren, Glycerinherstellung, Futtersilierung, Dung- und Jauchepflege usw.). Der Stoffwechsel pathogener Mikroorganismen steht in Zusammenhang mit der Entwicklung von Krankheiten bei Mensch, Tier und Pflanze und lenkt natürlich infolge des durch Mikroben verursachten großen Schadens die Aufmerksamkeit auf sich.

Die Assimilation von Stoffen aus der Umwelt ist den Mikroorganismen nur dann möglich, wenn sie sich in Gasform oder in wäßriger Lösung befinden. Die Hauptmenge organischer Stoffe, Überreste abgestorbener Pflanzen und Tiere, ist in der Natur nicht in Wasser gelöst und folglich den Mikroorganismen nicht unmittelbar zugänglich. Die Aufnahme erfolgt nur dann, wenn nach Einwirkung der von ihnen abgeschiedenen Fermente eine Aufspaltung der organischen Reste in einfache, leicht wasserlösliche Verbindungen einsetzt. Mikroorganismen mit saprophytischer Ernährung besitzen starke Fermente, die in reichem Maße an die Außenwelt abgeschieden werden. Menge und Aktivität der Zellfermente werden vom Nährmedium entscheidend beeinflußt.

Die Fähigkeit, sich dem Nährmedium anzupassen, hat zu zahlreichen Untersuchungen geführt. Karström (1937) schlägt vor, bei Mikroorganismen zwei Fermenttypen zu unterscheiden: die konstitutiven und die Anpassungs- oder adaptativen Fermente. Die konstitutiven Fermente sind stets vorhanden und vom Medium unabhängig, die adaptativen Fermente dagegen werden dem Nahrungsangebot des Mediums entsprechend gebildet. In einem Bericht über die Adaptation der Mikroorganismen an die Umwelt mit Hilfe von Fermenten gibt Linderström-Lang (1940) Untersuchungen zu dieser Frage bekannt.

Daraus geht hervor, daß der Fermentapparat von Mikroorganismen schnell verändert werden kann (im Laufe der individuellen Entwicklung können adaptative Fermente auftreten) oder daß, als Ergebnis einer langen, über mehrere Generationen sich erstreckenden Anpassung, andere Fermente auftreten können. Offensichtlich ist die Unterscheidung von konstitutiven und adaptativen Fermenten grundsätzlich falsch. Der Organismus ist eng mit der Umwelt verbunden. Umweltveränderungen berühren alle Seiten seines Stoffwechsels und damit seinen ganzen fermentativen Apparat.

Es steht fest, daß die Fermente für die Assimilation von Nährstoffen aus dem Medium für Mikroorganismen eine große Bedeutung haben. Jedoch wurden bisher alle Untersuchungen und Beobachtungen auf diesem Gebiet nur an Saprophyten durchgeführt, während Parasiten noch kaum untersucht wurden. Es erhebt sich die Frage, ob man diese Erkenntnisse auch auf parasitische Mikroorganismen übertragen kann, mit anderen Worten: Sind deren Fermente Mittel zum Befall und zur Zerstörung ihrer Wirtsorganismen, z.B. der höheren Pflanze?

Die Literatur gibt auf diese Frage eine positive Antwort (Pfeffer, 1897; Ward, 1905). W. F. Kuprewitsch (1940) ließ Pilzsporen in Wasser keimen und bestimmte den Austritt von Fermenten qualitativ. Bemerkenswerterweise schieden obligate Parasiten geringere Mengen aus als fakultative. In einem ausführlichen Bericht ersetzt W. F. Kurpewitsch (1947) seine früheren klaren Schlußfolgerungen durch vorsichtigere und weniger bestimmte Aussagen. Er spricht von einer Verringerung der Zahl der Fermente bei Parasiten und von ihrer stärkeren Spezialisierung im Vergleich zu den Fermenten gewöhnlicher Saprophyten (S. 66 u. 67). Die Verringerung der Zahl der Fermente bei Parasiten kann man nach Kuprewitsch als bewiesen betrachten. Die Spezialisierung der Fermente kann man aber nur vermuten, Beweise dafür gibt es nicht. Originelle Überlegungen über den Zusammenhang zwischen Fermentaktivität und Immunität hat A. W. Blagowestschenski (1950) angestellt. In der Enzymologie wird zur Charakterisierung von Fermenten in vitro und in vivo die Bestimmung ihrer Menge und Aktivität angewandt. Praktisch wird die Fermentmenge durch ihre Aktivität bestimmt, und sehr häufig setzt man Fermentmenge gleich Fermentaktivität. A. W. Blagowestschenski führt zur Charakterisierung von Fermenten einen neuen Begriff ein, den der Fermentqualität.

Modernen Vorstellungen zufolge bilden Ferment und Substrat in gegenseitiger Wechselwirkung einen instabilen Komplex, der dann in Ferment und Spaltprodukte des Substrates zerfällt.

Fermentreaktionen, bei denen Energie frei wird, sind exotherm und können entsprechend dem thermodynamischen Gesetz spontan ablaufen. Wird dem System Energie zugeführt, so wird das Ferment aktiviert. Je mehr Energie zur Aktivierung des Fermentes benötigt wird, um so niedriger ist die Fermentqualität und umgekehrt. So charakterisiert A. W. Blagowestschenski die Fermente nach ihrer Aktivität und Qualität. Eine hohe Fermentqualität weist nach Blagowestschenski auf ein hohes energetisches Niveau des Gesamtorganismus hin, das seine Widerstandsfähigkeit im Existenzkampf bedingt. Bei ungünstigen Bedingungen stellen sich die Pflanzen biochemisch um, insbesondere tritt dann eine Erhöhung der Fermentqualität ein.

Schüler von A. W. Blagowestschenski, O. N. Granitowa, W. A. Anissimowa und A. A. Borodulina (Blagowestschenski, 1950), untersuchten die durch *Verticillium* hervorgerufene Welke der Baumwolle. Bei welkeresistenten Baumwollsorten fanden sie eine höhere Katalasequalität: Bei der anfälligen Sorte 2034 betrug der Aktivierungskoeffizient (μ) 7200 kal, während derselbe Koeffizient bei der resistenten Sorte 764 nur 3000 kal betrug. (Wie bereits gesagt, ist die Fermentqualität um so niedriger, je mehr Energie für die Aktivierung des Fermentes benötigt wird.) Bei der Bestimmung der Amylasequalität in den Blättern kranker und gesunder Pflanzen betrugen die Koeffizienten bei den kranken Pflanzen 1600 kal und bei den gesunden Pflanzen 7000 kal, d. h., die Erkrankung hatte eine starke Erhöhung der Fermentqualität zur Folge. Die Bestimmung der Fermentqualität bei dem Erreger selbst zeigte eine hohe Qualität seiner Amylasen im Vergleich zu denen der Baumwolle.

Deshalb kommt A. W. Blagowestschenski zu der Ansicht, daß die erhöhte Fermentaktivität und -qualität in kranken Pflanzen durch die Anwesenheit von Pilzfermenten bestimmt werden. Diese Schlußfolgerung wird in einem harmonischen System von Vorstellungen weiterentwickelt, das mannigfaltige Resistenzerscheinungen umfaßt. „Wenn Pilze oder Bakterien und die Wirtspflanzen unter dem gegenseitigen Einfluß Angriffs- und Schutzmittel biochemischer Natur hervorbringen, dann sollte deren Bedeutung als wichtige Faktoren im Kampf ums Dasein ohne jeden Zweifel sein. Die Tatsache, daß diese Mittel Fermente sind, verleiht der Frage noch größeres Interesse, da dadurch die Immunitätserscheinungen direkt mit den Resistenz- und Anfälligkeitserscheinungen verschiedener Pflanzen gegenüber Schädlingen aus der Insektenwelt verbunden werden“ (Blagowstschenski, 1950, S. 173).

Diese Theorie verdient Beachtung und weitere Prüfung. Ihr schwacher Punkt ist die Vermutung, daß Fermente der infizierten Pflanze durch solche des Parasiten ersetzt werden, denn dadurch wird eine Reaktion der Pflanze selbst ausgeschlossen und die Pflanze totem Substrat gleichgesetzt. Folgerichtig wäre, die Erhöhung der Fermentqualität bei kranken Pflanzen als Reaktion auf ungünstige Existenzbedingungen zu erklären.

Die Bedeutung der Fermente für die Immunität der Pflanzen aufzuklären, ist schwierig; im Augenblick gibt es keine ausreichend begründete Hypothese. Nach Beobachtungen an kranken Pflanzen und Ergebnissen in Laboratoriumsversuchen schätzten wir im Jahre 1938 die vom Parasiten abgegebenen Fermente für seine Entwicklung auf lebenden pflanzlichen Geweben gering ein. Diese Ansicht, die den Aussagen vieler Forscher widerspricht, erfordert selbstverständlich eine ausreichende Begründung.

Wie oben dargelegt wurde, ist der Fermentapparat der Mikroorganismen äußerst plastisch, er kann sich je nach den Lebensbedingungen und der Zusammensetzung der Nährböden stark ändern. Die Fermente sind als Reaktionsbeschleuniger im Stoffwechsel sehr wichtig und erfüllen außerdem folgende Aufgaben: Mit Hilfe der ausgeschiedenen Fermente bereitet der Mikroorganismus die Nahrungsstoffe vor und überführt sie in einen resorbierbaren Zustand. Solche Wechselbeziehungen findet man zwischen Mikroorganismen und totem Substrat, z. B. zwischen Pilz und abgestorbenen Pflanzen oder zwischen Bakterien und ihren Nährböden. Es erhebt sich die Frage, ob ein solches Verhältnis auch zwischen Parasit und Wirtspflanze besteht. Die lebende Pflanze hat nämlich im Gegensatz zu toten Körpern einen Stoffwechsel und reagiert auf Reize. Die Lebensbedingungen des Parasiten auf der lebenden Pflanze dürften sich daher wesentlich von den Lebensbedingungen der Mikroorganismen auf einem toten Nährsubstrat unterscheiden. Haben nun in diesem Falle die vom Parasiten abgegebenen Fermente eine Bedeutung für die Vorbereitung seiner Nahrungsstoffe ? Wie wird die Pflanze auf das Eindringen der Fermente des Parasiten in ihre Zellen reagieren ? Auf diese Frage finden wir in der Literatur keine Antwort. Deshald haben wir gemeinsam mit E. G. KLING und R. W. GLASKOWA Modellversuche angestellt, die nachstehend beschrieben werden.

B. Reaktion der Pflanze auf Einführung von Fermenten

Bisher wurde keine befriedigende Methode bekannt, Fermente in pflanzliche Zellen einzuführen. Es ist unwahrscheinlich, daß die hochmolekularen Fermente die Zellmembran durchdringen, es erscheint nach den modernen Vorstellungen über die Struktur der Zellwand aber möglich, daß ein gewisser Kontakt des Protoplasten mit hochmolekularen Verbindungen außerhalb der Zelle besteht. A. A. RICHTER (1917) beobachtete das Eindringen von Taka-Diastase in die Schließzellen der Tulpe. Schnitte durch die Epidermis eines lebenden Blattes legte er fünf — sechs Stunden in eine einprozentige Lösung eines Taka-Diastasepräparates. Als Beweis für das Eindringen des Fermentes dienten die starke Hydrolyse in den Zellen, die Öffnung der Stomata und der Nachweis von Maltose in den Zellen. A. L. KURSSANOW und seine Mitarbeiter (1946) wiesen nach, daß Invertase von den Geweben adsorbiert wird, wobei der Adsorptionsgrad vom Zustand der Pflanze und der Zellkolloide abhängt.

Die ersten Versuche, Fermente in pflanzliche Gewebe einzubringen, führten wir an Blättern von *Allium odorum* und *Dactylis glomerata* durch. Dazu zentrifugierten wir Blätter in Lösungen von Hefe-Invertase. In verschiedenen Zeitabständen danach bestimmten wir die Invertase-Aktivität der Blätter. Sie nahm ab. Auch ein wäßriger Auszug aus solchen Blättern verminderte die Aktivität der Invertase-Präparate. Wir glauben, daß in den Zellen durch die eingeführte Invertase die Synthese von Hemmstoffen ausgelöst wurde.

Spezifische Enzym-Hemmstoffe findet man in Pflanzen ziemlich häufig, wie zahlreiche Untersuchungen zeigen. Auf ihre Existenz und ihre Rolle im Zellstoffwechsel wies schon W. I. PALLADIN (1913) hin. Ihre Entstehung durch äußere Einwirkungen, u. a. auch als Folge der Einführung von Fermenten, wurde noch nicht untersucht; uns jedenfalls ist Literatur zu dieser Frage nicht bekannt.

Wir prüften die Wirkung von Invertase, Amylase, Urease und Papain auf *Elodea canadensis*, einem besonders günstigen Objekt. Wir verfügten über eine große Zahl von Pflanzen, die unter relativ gleichen Bedingungen in einem Wasserbehälter aufwuchsen. Die physiologischen und morphologischen Besonderheiten dieser Pflanze erleichterten die Arbeit.

Versuche mit Invertase

Als Fermentpräparat wurde ein Hefe-Autolysat mit aktiver Invertase verwendet. Nach KURSSANOW (1936) wurden Stücke von *Elodea*-Sprossen mit fünf bis sieben Internodien in Bunsen-Kolben mit verdünntem Autolysat übergossen.

Dann wurden die Kolben evakuiert, bis aus den Schnittflächen keine Luft mehr austrat. Nun wurde wieder Luft zugelassen, und die Interzellularen füllten sich mit der Flüssigkeit. Die Infiltration galt als ausreichend, wenn die Sprosse zu Boden sanken.

Die ganze Operation dauerte 12 bis 15 Minuten. Danach enthielt das Autolysat kein Ferment mehr. Offensichtlich wird Invertase ziemlich leicht von der Pflanze aufgenommen. Die Pflanze wurde sorgfältig gewaschen und in täglich erneuertem Leitungswasser aufbewahrt.

Der Invertase-Hemmstoff wurde folgendermaßen bestimmt: *Elodea*-Sprosse wurden sorgfältig mit Wasser und Quarzsand (1:5) zerrieben und der Extrakt abfiltriert. Zu 3,5 ml Extrakt wurde 1 ml Invertase-Lösung zugefügt und das Ge-

Tabelle 7. Einfluß von *Elodea*-Extrakten auf die Invertase-Aktivität

Zeit nach Infiltration der Invertase	Invertase-Aktivität		Hemmung	
	in mg Zucker	in % der Kontrolle	in mg Zucker	relativ[1]
Sofort nach der Invertase-Einführung				
Versuch	36,25	95,5	1,70	—
Kontrolle	37,95	100,0		
nach 1 Tag				
Versuch	34,60	91,2	3,35	100,0
Kontrolle	37,95	100,0		
nach 2 Tagen				
Versuch	31,45	63,3	18,20	543,4
Kontrolle	49,65	100,0		
nach 3 Tagen				
Versuch	21,50	42,99	28,50	850,1
Kontrolle	50,00	100,0		
nach 4 Tagen				
Versuch	56,25	80,91	13,25	395,5
Kontrolle	69,50	100,0		
nach 5 Tagen				
Versuch	50,0	100,0	0	0
Kontrolle	50,0	100,0		

[1] Hemmung nach 1 Tag = 100.

misch 15 Minuten stehengelassen. Danach wurden 0,5 ml 0,1 m Acetat-Puffer (p_H 4,7) und 20 ml dreiprozentige Saccharose zugegeben. Die Flüssigkeiten wurden vorher auf 30° C erwärmt, bei dieser Temperatur verlief auch die fermentative Hydrolyse. Die Invertase-Aktivität wurde in den ersten 30 Minuten durch Bestimmung der reduzierenden Zucker nach Blanschetter (Iwanow, 1946) ermittelt. Im Kontrollversuch wurde der *Elodea*-Extrakt durch Wasser ersetzt. Die Ergebnisse der Bestimmung der Invertase bei ihrer Reaktion mit den *Elodea*-Extrakten sind in Tabelle 7 dargestellt.

Tab. 7 zeigt, daß nach der Infiltration von Invertase Hemmstoffe gebildet werden, denn die *Elodea*-Extrakte verringern die Invertase-Aktivität. Die größte Hemmung ergeben Auszüge aus Pflanzen, die drei Tage vor der Bestimmung infiltriert wurden; fünf Tage nach der Invertase-Infiltration zeigen die Auszüge schon keine Hemmwirkung mehr.

Um festzustellen, welchen Einfluß die Temperatur vor der Infiltration hat, wurden folgende Versuche durchgeführt: Die Pflanzen befanden sich 24 Stunden in einem Aquarium bei einer Wassertemperatur von 25° C. Dann wurden sie in vier Teile geschnitten; jedes Teilstück wurde eine Stunde bei 0°, 20°, 30° oder 40° C gehalten und danach Invertase infiltriert. Die Pflanzen wurden dann im Aquarium zwei Tage bei 25° C aufbewahrt und anschließend die Hemmwirkung der Extrakte bestimmt (Tab. 8).

Tabelle 8. Einfluß der Temperatur vor der Fermentinfiltration in *Elodea* auf die Invertase-Hemmung durch Extrakte

Temperatur in °C	Invertase-Aktivität		Hemmung in mg Zucker
	in mg Zucker	in % der Kontrolle	
40	31,45	54,3	26,40
30	31,45	54,3	26,40
20	57,85	100,0	0
0	59,50	102,0	1,65
Kontrolle (Invertase u. Wasser)	57,85	100,0	0

Nach Tab. 8 hemmen nur Auszüge aus Pflanzen, die vor der Fermentbehandlung bei 30° und 40° C gehalten wurden.

Die Temperatur hat einen großen Einfluß auf die Aufnahme von Stoffen durch die Zelle (Osterhaut, Kamerling und Stanley, 1934). Möglicherweise passieren die Fermente bei erhöhter Temperatur die Zellwand leichter. Auf die gleiche Erscheinung stießen wir bei Versuchen mit anderen Fermenten, über die wir weiter unten berichten. Das Invertase hemmende Prinzip in den *Elodea*-Auszügen wurde von uns noch weiter untersucht. Erwärmung auf 85° C zerstört den Inhibitor nicht, wohl aber Erhitzen auf 100° C. Die Hemmung wirkt spezifisch auf Invertase. Das hemmende Prinzip der Extrakte ist also ein relativ thermostabiler und nur auf Invertase wirkender Stoff.

Um die quantitativen Beziehungen zwischen Invertase und Hemmstoff zu klären, führten wir Bestimmungen der Invertase-Aktivität bei gleicher Fermentmenge und verschiedenen Extraktmengen durch (Tab. 9).

Die Angaben in Tab. 9 legen die Schlußfolgerung nahe, daß Ferment und Hemmstoff in einem bestimmten Verhältnis reagieren, so daß weiterer Zusatz von Hemmstoff keine gesteigerte Hemmung ergibt. Vielleicht reagieren sie sogar stöchiometrisch.

Tabelle 9. Beziehungen zwischen Invertase und ihrem Hemmstoff

Menge des Extraktes in ml	Invertase-Aktivität in mg Zucker	Hemmung	
		in mg Zucker	bezogen auf 1 ml Extrakt
0	91,0	0	0
1,0	86,0	5,0	1,00
3,5	77,5	13,5	2,70
7,0	56,2	34,8	6,96

Versuche mit Amylase

Um das Verhalten von *Elodea* bei Infiltration mit Amylase zu klären, stellten wir analoge Versuche mit invertasefreier Malz-Amylase an. Im Gegensatz zu Invertase wird Amylase von der Pflanze kaum adsorbiert und nach der Infiltration schnell aus den Interzellularen herausgelöst. Deswegen wurden die Pflanzen nach der Infiltration noch vier Stunden in der Ferment-Lösung untergetaucht gehalten, danach mit Wasser gewaschen und in ein verdunkeltes Aquarium von 25 bis 27° C übertragen. Die Pflanzen wurden zwölf Stunden dunkel gehalten, weil sich die Interzellularen im Licht schnell mit Gas füllen und dabei die infiltrierte Flüssigkeit herausgedrückt werden würde. Dann wurden die Pflanzen wie üblich weiterbehandelt. Die Aquarien wurden in diffuses, durch ein Nordfenster des Laboratoriums einfallendes Licht gestellt.

Den Hemmstoff der Amylase-Reaktion haben wir folgendermaßen bestimmt: Die Versuchspflanzen wurden mit Wasser und Quarzsand (1:5) zerrieben. Zu 3,5 ml Extrakt wurde 1 ml einer einprozentigen Diastase-Lösung zugesetzt. Nach 15 Minuten gaben wir 0,5 ml 0,1 m Acetatpuffer (p_H 6,2) und 20 ml einprozentige Stärkelösung zu. Der Ansatz wurde bei 30° C aufbewahrt.

Tabelle 10. Gehalt an Hemmstoffen der amylolytischen Reaktion in *Elodea* in verschiedenen Zeitabständen nach Diastase-Infiltration

Zeit nach Infiltration der Diastase	Amylase-Aktivität		Hemmung in mg Maltose
	in mg Maltose	in % der Kontrolle	
nach 24 Std.	17,2	62,9	10,0
,, 48 ,,	16,2	59,3	11,1
,, 72 ,,	17,8	65,2	9,5
,, 144 ,,	29,1	106,5	— 1,8
Kontrolle (Extrakt durch Wasser ersetzt)	27,3	100,0	0
ohne Diastase-Behandlung	28,9	105,9	— 1,6

Die erste Zuckerbestimmung erfolgte sofort nach Zugabe der Stärke, die zweite eine Stunde später. Die Geschwindigkeit des Stärkeabbaues kennzeichnet die Amylase-Aktivität (Zuckerbestimmung nach Willstätter und Schudel). Die Kontrollen enthielten an Stelle des Extraktes Wasser. Wir führen Ergebnisse von

Versuchen an, bei denen die Diastase jeweils ein, zwei, drei und sechs Tage vor der Bestimmung zugegeben wurde (Tab. 10).

Tab.10 läßt erkennen, daß Extrakte aus unbehandelten Pflanzen Amylase sogar etwas aktivieren, auf keinen Fall aber hemmen. Schon nach dem ersten Tag zeigt der Extrakt deutliche Hemmwirkung, die bis zum dritten Tag anhält. Nach sechs Tagen findet man keinen Hemmstoff mehr, d. h., die Reaktion der Pflanze auf die Infiltration klingt innerhalb dieser Zeit vollständig ab.

Der Hemmstoff bleibt nach Erwärmung auf 85° C aktiv. Ferment und Inhibitor reagieren nach unseren Versuchen in stöchiometrischen Mengen.

Versuche mit Urease

Zur Untersuchung der Reaktion auf Urease infiltrierten wir dieses Ferment in *Elodea*. Das Urease-Präparat stellten wir aus Sojabohnen her. Die Samen wurden zerkleinert, mit Benzol entfettet und eine Stunde mit der zehnfachen Menge Wasser extrahiert. Das Filtrat enthielt aktive Urease. Das Ferment wird von der Pflanze wie Invertase adsorbiert. Wir wandten deshalb das gleiche Verfahren an wie bei der Invertase-Infiltration.

Die Wirkung der *Elodea*-Extrakte auf die fermentative Hydrolyse von Harnstoff wurde nach folgender Methode bestimmt. In einem 50 ml Kolben wurden 1 ml *Elodea*-Extrakt (1:5) und 1 ml Urease-Lösung gegeben, geschüttelt und 15 Minuten stehengelassen, dann 8 ml einprozentige Harnstofflösung zugegeben. Nach 30 Minuten wurde die Hydrolyse durch Zusatz von 10 ml 0,1 n Schwefelsäure unterbrochen. Die Reaktion verlief bei 25° C. Nun wurde mit 0,1 n NaOH gegen Methylrot die Schwefelsäure zurücktitriert, welche durch das fermentativ entstandene Ammoniak nicht verbraucht worden war.

Die in der Zeiteinheit gebildete Ammoniakmenge ist der Ferment-Aktivität proportional. Der Blindwert wurde in einer zweiten Bestimmung ermittelt, bei der erst Schwefelsäure und dann Harnstoff zugesetzt wurde. In der Kontrollbestimmung wurde Wasser statt Extrakt zugesetzt.

Diese Methode erlaubt schnelle Bestimmungen und führt bei mittleren Urease-Aktivitäten und kurzen Reaktionszeiten zu genauen Ergebnissen.

Tab. 11 enthält die Versuchsergebnisse.

Tabelle 11. Wirkung von *Elodea*-Extrakten auf die Harnstoff-Hydrolyse durch Urease

Zeit nach Infiltration der Urease	Urease-Aktivität		Hemmung in mg NH_3
	in mg NH_3	in % der Kontrolle	
ohne Urease-Behandlung	1,53	100,0	0
Kontrolle	1,53	100,0	
48 Std.	1,38	81,1	0,32
Kontrolle	1,70	100,0	
72 Std.	0,85	55,5	0,68
Kontrolle	1,53	100,0	

Aus Tab. 11 kann man ersehen, daß Extrakte unbehandelter Pflanzen die Urease nicht beeinflussen. Extrakte aus Pflanzen zwei oder drei Tage nach Infiltration von Urease hemmen aber die Aktivität der Urease stark. Der Hemmstoff verliert beim Kochen seine Wirkung.

Die Antwort der Pflanze auf Infiltration von Urease besteht demnach in der Produktion eines für Urease spezifischen Hemmstoffs.

Versuche mit Papain[1]

Bei diesen Versuchen infiltrierten wir mit einer 0,5prozentigen Lösung H_2S-aktivierten Papains; dann blieben die Pflanzen noch vier Stunden in der Fermentlösung.

Auch hier stellten wir eine Temperaturabhängigkeit der Reaktion der *Elodea* fest. Daher wurde diesem Faktor besondere Aufmerksamkeit gewidmet. Wieder wurde die Aktivität des Fermentes unter dem Einfluß von Extrakten fermentbehandelter Pflanzen untersucht, um die von dem Enzym induzierten Veränderungen festzustellen. Dazu wurden in einem Kolben je 3,5 ml *Elodea*-Extrakt (1:5) und 3 ml einprozentige Papain-Lösung gefüllt, geschüttelt und 15 Minuten stehengelassen. Danach wurden 25 ml einer einprozentigen Lösung von Pepton „Armour" (p_H 6,0) zugefügt. Die fermentative Hydrolyse lief in unseren Versuchen 20 Stunden bei 30° C. In den Kontrollen wurde Wasser statt Extrakt verwendet. Die Fermentaktivität wurde an Hand der Zunahme des Aminostickstoffs verfolgt. Der Aminostickstoff wurde durch Formol-Titration bestimmt.

Elodea wurde vor Infiltration eine Stunde lang bei 20°, 30° oder 40° C und nach der Papain-Infiltration zwei Tage bei 30° C gehalten.

Tabelle 12. Einfluß der Temperatur des Mediums vor der Fermentbehandlung der Pflanzen auf die Papain-Hemmung durch *Elodea*-Extrakte

Versuchsvariante Temperatur in °C	Papain-Aktivität		Hemmung in mg NH_3
	in mg NH_3	in % der Kontrolle	
40	0,68	133,0	—0,17
30	0,17	35,6	0,34
20	0,34	66,6	0,17
ohne Papain-Behandlung	0,51	100,0	0
Kontrolle (Papain und Wasser)	0,51	—	—

Wie Tab. 12 zeigt, hemmten am stärksten Extrakte aus Pflanzen, die bei 30° C gehalten worden waren. Ohne Infiltration von Papain beeinflußten die Extrakte die Hydrolyse nicht. Nach Erwärmen kann *Elodea* keinen Papain-Hemmstoff mehr bilden. Extrakte aus erwärmter *Elodea* beschleunigen sogar die Hydrolyse. Das beobachteten wir ständig, in einigen Fällen betrug die Beschleunigung 200% der Kontrolle.

[1] Das Präparat wurde uns von A. W. Blagowestschenski überlassen, wofür ich ihm sehr dankbar bin.

Der Papain-Hemmstoff ist thermolabil, bei 80° C verliert er seine Wirkung vollständig.

Bei der Hemmung des Papains beobachtet man, wie auch bei den anderen Fermenten, stöchiometrische Beziehungen. Tab. 13 zeigt die Geschwindigkeit der Pepton-Hydrolyse durch Papain, ausgedrückt durch die Menge des in 24 Stunden bei 30° C in Gegenwart verschieden großer Hemmstoff-Mengen freiwerdenden Aminostickstoffs.

Tabelle 13. Geschwindigkeit der Pepton-Hydrolyse durch Papain in Anwesenheit verschiedener Hemmstoffmengen

Hemmstoffmenge in ml Extrakt	Reaktionsgeschwindigkeit		Hemmung in mg NH_3
	in mg NH_3	in % der Kontrolle	
2,0	0,51	74,8	0,17
3,5	0,34	50,0	0,34
7,0	0,00	0,0	0,68
0 (Kontrolle)	0,68	100,0	0

Aus diesen Beziehungen kann man schließen, daß Ferment und Hemmstoff unter unseren Versuchsbedingungen eine Verbindung eingehen, in der das aktive Ferment stark verändert wird.

Unsere Versuche erlauben folgende Schlüsse:

1. Bei Infiltration der Fermente Invertase, Amylase, Urease und Papain in *Elodea canadensis* entstehen in den Pflanzen spezifische Hemmstoffe oder Antifermente.
2. Die Hemmstoffe sind relativ thermostabil, sie werden bei 85° C nicht zerstört, verlieren ihre Wirkung aber durch Erhitzen auf 100° C. Der Hemmstoff des Papains wird bei 80° C zerstört.
3. Die größte Hemmstoffmenge wird am zweiten und dritten Tage nach Einführung des Ferments in die Pflanze gefunden; danach verringert sich die Menge des Hemmstoffs bis zu seinem völligen Verschwinden.

Man kann also kaum annehmen, daß vom Parasiten in pflanzliche Gewebe abgebene Fermente dort ebenso wie auf einem toten Nährboden die Nährstoffe für den Parasiten vorbereiten; sie sind für die Assimilation von Nährstoffen wahrscheinlich bedeutungslos. Die Ernährung des Parasiten ist dem Stoffwechsel der Pflanze angepaßt und „bedient" sich ihres Fermentsystems.

Diese Annahme wird durch die Arbeit W. F. Kuprewitschs über die Ausscheidung von Fermenten aus keimenden Sporen parasitischer und saprophytischer Pilze gestützt.

Fakultative Parasiten, wie z. B. *Botrytis*, *Rhizopus*, *Fusarium* u. a. geben Fermente ab. Doch ist die Biologie dieser Pilze eigenartig, sie verlieren auch in ihrer parasitischen Phase die für saprophytische Organismen charakteristischen Züge nicht ganz.

Die Bedeutung der vom Parasiten abgegebenen Fermente besprechen wir an Hand einiger Krankheiten, die durch *Phytophthora infestans, Botrytis cinerea, Verticillium dahliae* und *V. albo-atrum* hervorgerufen werden.

C. Kraut- und Knollenfäule der Kartoffel (*Phytophthora infestans*)

Phytophthora ist wegen der von ihr verursachten Schäden besonders wichtig (Naumow, 1926). Die Krankheit hat der Landwirtschaft in Europa erhebliche Verluste zugefügt. Das veranlaßte Mitte des vorigen Jahrhunderts umfangreiche, durch die Entwicklung in Phytopathologie und Mykologie geförderte Untersuchungen. Einige behielten bis in unsere Tage wissenschaftliche und praktische Bedeutung, z. B. die Arbeit De Barys, die 1862 von A. N. Beketow in die russische Sprache übertragen wurde (De Bary, 1862).

Die Entwicklung des Parasiten beginnt zur Zeit der stärksten Knollenbildung, also in den mittleren Teilen der Sowjetunion Ende Juli bis Anfang August und dauert bis zum Ende der Vegetation bzw. bis zu den ersten Frösten. Die Symptome der Krankheit sind ziemlich charakteristisch: Auf den Blattflächen erscheinen dunkle, ölige Flecke, die sich schnell ausbreiten. Das Blatt welkt und stirbt ab. Auf den infizierten Blättern tritt bei feuchtem und warmem Wetter ein flaumiges Mycel mit Konidien auf, aus denen bewegliche Zoosporen entlassen werden, sofern sie mit Wasser in Berührung kommen. Aus den Zoosporen entwickelt sich auf Kartoffelblättern oder -knollen ein neues Mycel. Die Krankheit breitet sich schnell aus, der Pilz trägt seinen Namen *Phytophthora*, „Pflanzenmörder", zu Recht. Ein von *Phytophthora* befallenes Kartoffelfeld macht den Eindruck, als wäre es vom Frost vernichtet.

Infizierte Knollen können im Winterlager zu Krankheitsherden werden.

Die Zoosporen dringen durch die Stomata in das Blatt ein. Nachdem die ausgekeimte Spore in die Zelle eingedrungen ist, färbt diese sich schwarz und stirbt schließlich ab.

Auch bei anderen von *Phytophthora* befallenen Pflanzen treten diese Verfärbungen auf. Ihre Bedeutung für die Immunität wird später besprochen; vorerst behandeln wir die Physiologie des Pilzes und die für seine Entwicklung auf der Pflanze günstigen Bedingungen.

Obgleich man *Phytophthora infestans* auf verschiedenen Nährböden kultivieren kann, bietet die Kultur noch manche Schwierigkeiten. Man hält den Pilz für „launenhaft" und zieht es vor, ihn auf frischen Kartoffelscheiben zu halten. Gute Erfolge erzielte N. A. Dorochowa (1940) mit der Kultur auf Haferagar.

In der Ernährungsphysiologie von *Phytophthora* gibt es auch jetzt noch viele Unklarheiten. Nach Lepik (1929) steigt in infizierten Knollen der Zuckergehalt, Stärke wird abgebaut. Lepik (1938) glaubt, daß sich *Phytophthora* von Eiweiß ernährt, ohne allerdings überzeugende Beweise dafür zu erbringen.

Phytophthora entwickelt sich gut auf frischer, lebender Kartoffel (auf Knollen und Blättern). Auf der toten, z. B. gekochten Kartoffel wächst der Pilz sehr schlecht. Er wird leicht von saprophytischen Pilzen und Bakterien unterdrückt. Sogar auf der lebenden Pflanze, wenn die infizierten Organe abzusterben beginnen, wird der Parasit von verschiedenen Saprophyten verdrängt, welche die Fäulnisprozesse fortsetzen und beenden. So gefährlich die zerstörende Kraft von *Phytophthora* für die Pflanze ist, so schwach erweist sich der Erreger in Konkurrenz mit einfachen Saprophyten. Andererseits sind die Saprophyten der gesunden Pflanze gegenüber machtlos.

Unsere Versuche, den Pilz auf stärkehaltigem Nährboden zu kultivieren, blieben ergebnislos. In Gegenwart von Diastase wurde sehr schwaches Wachstum beobachtet. *Phytophthora* kann also keine Stärke abbauen, sondern nur ihre Spaltprodukte verwerten. Im Mycel konnte keine Amylase nachgewiesen werden. Es ist interessant, daß auch die Kartoffelknolle, die beträchtliche Stärkemengen speichert, nur geringe Amylaseaktivität besitzt.

Es fragt sich, wie *Phytophthora* die infizierte Pflanze zur Stärkehydrolyse bringt. Unsere Versuche führten uns zu der Ansicht, daß die Amylase der Kartoffel durch einen spezifischen Stoff vom Typ der Sisto-Amylase im Sinne von Chrzaszcz und Janicki (1933) gehemmt wird.

Pflanzliche Amylase besteht aus zwei Fermenten: α-Amylase und β-Amylase; α-Amylase oder Dextrin-Amylase spaltet Stärke bis zu den Dextrinen. β-Amylase oder saccharogene Amylase spaltet Stärke und Dextrine bis zur Maltose. Der von uns in der Kartoffel gefundene Stoff hemmte beide Amylasen. Zur Bestimmung des Hemmstoffs wandten wir folgende Methode an:

Kolben Nr. 1 enthält 15 ml Pflanzenextrakt oder mit Wasser verdünnten (2:1) Preßsaft, 30 ml zweiprozentige Stärkelösung, 4,5 ml 0,1 m Phosphat-Puffer (p_H 7,0) und 0,5 ml destilliertes Wasser.

Kolben Nr. 2 enthält 15 ml Pflanzenextrakt oder verdünnten (2:1) Preßsaft, 30 ml zweiprozentige Stärkelösung, 4,5 ml 0,1 m Phosphat-Puffer (p_H 7,0) und 0,5 ml einprozentige Amylase-Lösung in zweiprozentigem NaCl.

Kolben Nr. 3 enthält 15 ml destilliertes Wasser, 30 ml zweiprozentige Stärkelösung, 4,5 ml 0,1 m Phosphat-Puffer (p_H 7,0) und 0,5 ml einprozentige Amylase-Lösung in zweiprozentigem NaCl.

Alle Lösungen werden auf 45° C erwärmt. Die Ansätze bleiben 30 Minuten im Wasserbad bei dieser Temperatur stehen. In 10 ml Probe wird der Zucker jodometrisch bestimmt. Kolben 1 enthält außer dem im Extrakt bereits vorhandenen Zucker solchen, der durch die Amylasen des Extraktes gebildet wurde. Kolben 2 enthält darüber hinaus Zucker, der von dem zugesetzten Amylase-Präparat gebildet wurde. In Kolben 3 wird ausschließlich der Zucker bestimmt, der durch das zugesetzte Amylase-Präparat gebildet wurde. Dadurch läßt sich die Größe der Hemmung einfach errechnen.

Preßsaft aus gesunden Knollen einiger Sorten mit bekannter *Phytophthora*-Resistenz wurde auf die Fähigkeit zur Amylase-Hemmung analysiert. Die Ergebnisse zeigen eine Abhängigkeit zwischen Amylase-Hemmung und *Phytophthora*-Resistenz (Tab. 14).

Preßsaft anfälliger Sorten hemmt aber die Amylase nicht so stark wie der resistenter Sorten. Die gleichen Verhältnisse wurden in Blatt-Preßsäften beobachtet.

Tabelle 14. Amylase-Hemmung und *Phytophthora*-Resistenz

Kartoffelsorte	Hemmung in ml 0,1 n Jod	*Phytophthora*-Resistenz der Sorte
Rannjaja rosa	1,75	sehr anfällig
Epikur	2,00	anfällig
Lorch	2,05	mäßig resistent
Smyslowski	2,65	resistent (ähnlich der Sorte Lorch)
Wohltmann	3,20	resistenter als die zwei vorhergehenden

Die Stärke der Hemmung ändert sich mit dem Zustand der Pflanze und den äußeren Bedingungen. So sinkt sie z. B. in keimenden, mit *Phytophthora* infizierten Knollen. 0,5 cm dicke Scheiben von Knollen der Sorte Lorch wurden mit einer wäßrigen Zoosporen-Aufschwemmung infiziert. Die Infektion wurde nach ein, drei und vier Tagen wiederholt. Nach fünf Tagen wurden die Kartoffelscheiben mit den verschiedenen Entwicklungsstufen des Pilzes analysiert.

Tabelle 15. Amylase-Hemmung und Dauer der Infektion. Kartoffelknollen mit *Phytophthora infestans* infiziert

Tage nach Infektion	Hemmung		Bemerkung
	in ml 0,1 n Jod	in % der Kontrolle	
1	3,20	91,4	Beginn der Verbräunung der Schnittfläche
3	2,90	82,8	Mycel am Schnittrand
5	1,60	45,7	vollständig mit Mycel bedeckt
Kontrolle	3,50	100,0	—

Die Daten zeigen die allmähliche Zerstörung oder Bindung des Hemmstoffs durch den sich entwickelnden Pilz.

Aus all dem geht folgendes hervor:

1. *Phytophthora* kann den Amylase-Hemmstoff beseitigen und dadurch die Zuckerbildung in der infizierten Pflanze stimulieren.
2. Dieser Vorgang vollzieht sich allmählich und wird während der Entwicklung des Pilzes immer stärker.
3. Pflanzen mit hohem Hemmstoffgehalt werden nicht infiziert.
4. Durch die Zerstörung des Hemmstoffs werden für die Entwicklung von Saprophyten, die *Phytophthora* unterdrücken, günstige Bedingungen geschaffen.

Die Fähigkeit, den Fermenthemmstoff zu zerstören und damit den Stärkeabbau zu aktivieren, gibt *Phytophthora* einen Vorteil vor anderen Parasiten. Dieselbe Eigenschaft begrenzt die Lebensdauer des Parasiten auf ein und demselben Organ. Nach der Inaktivierung des Hemmstoffs im infizierten Gewebe beginnen sich hier andere Mikroorganismen anzusiedeln, während der Erreger selbst auf gesundes Gewebe übergeht.

Zusammen mit L. A. Nesgoworow (Suchorukow und Nesgoworow, 1940) klärten wir die Natur des Hemmstoffs. Wir erhielten durch fraktionierte Fällung aus Knollenpreßsaft mit Cadmiumchlorid eine Fraktion, welche den amylolytischen Stärke-Abbau hemmt und den Polymerisationsgrad der enzymatisch aus Stärke erhaltenen Dextrine vergrößert. Das Präparat verliert seine Wirkung beim Erhitzen. In allen seinen Merkmalen erinnert es an die von Minagawa (1932 bis 1933) in Hefe, Kartoffel und Reis entdeckte Amylosynthease.

A. I. Gretschuschnikow (1938) fand bei sehr vielen Sorten, Bastarden und Wildkartoffelarten denselben Zusammenhang zwischen Amylase-Hemmstoff und *Phytophthora*-Resistenz. Außerdem stellte er fest, daß mit steigendem Wassergehalt des Bodens (von 20% auf 80% der absoluten Wasserkapazität) die Hemmung gesetzmäßig abnahm. Bei der anfälligen Sorte war der Befall um so stärker, je geringer die Hemmung war. Bei der resistenten Sorte nahm die Hemmung dabei so stark ab, daß sie schließlich der einer anfälligen Sorte entsprach. Trotzdem wurde keine Infektion beobachtet. Dazu sagt Gretschuschnikow: „Der Gehalt an Sisto-Amylase (Amylase-Hemmstoff) hat für die Immunität gegen *Phytophthora infestans* Bedeutung, ist aber nicht der einzige und ausschlaggebende Faktor" (Gretschuschnikow, 1938, S. 313).

Wir werden diese Frage zusammen mit der Bedeutung der Nekrosen für die Immunität diskutieren, wollen aber zunächst noch auf eine Arbeit von A. I. Gretschuschnikow und S. S. Klimowa (1940) über den Einfluß der Abkühlung der Kartoffel auf die *Phytophthora*-Resistenz eingehen. Diese Forscher hielten Knollen der Sorten „Rannjaja rosa" und „*Phytophthora*-Resistente" 18 Tage lang bei 0°. In periodisch entnommenen Proben infizierter Knollen wurden Zucker, Trockengewicht und osmotischer Druck des Preßsaftes bestimmt.

Die Ergebnisse (Tab. 16) zeigen, daß tiefe Temperaturen die Resistenz beeinträchtigen. Knollen resistenter Sämlinge wurden nach zwölftägiger Abkühlung hochanfällig. Der Zuckergehalt der Knollen stieg — besonders bei den Resistenten — auf 24,4% gegenüber 9,4% bei der anfälligen Sorte „Rannjaja rosa". Nach den Versuchsergebnissen ist für die Ernährung von *Phytophthora* Zucker unbedingt notwendig. Weil der Amylase-Hemmstoff die Zuckerbildung reguliert, beeinflußt er auch die Resistenz. A. I. Gretschuschnikow und S. S. Klimowa gelang es, das Kraut einiger sonst resistenter Wildkartoffelarten durch Abkühlen ganzer Pflanzen zu infizieren.

Obgleich unsere und die Arbeiten A. I. Gretschuschnikows im allgemeinen günstig aufgenommen wurden, bezweifelten einige Forscher die Existenz eines spezifischen Hemmstoffs. Nun ist die Kenntnis der Physiologie der *Phytophthora*-Resistenz für die Bekämpfung der Krankheit wichtig. S. M. Prokoschew (1947) hält unseren Hemmstoff für hypothetisch. Er führt die Hemmung der enzymatischen Reaktion auf Gerbstoffe in den Kartoffelextrakten zurück und beruft sich auf eine Arbeit von Meyer (1940), der Zusammenhänge zwischen dem Gerbstoffgehalt der Knollen und der *Phytophthora*-Resistenz gefunden hatte.

Tabelle 16. **Zuckerspeicherung und *Phytophthora*-Befall in Abhängigkeit von der Aufbewahrungstemperatur** (nach A. I. GRETSCHUSCHNIKOW und S. S. KLIMOWA)

Versuchsmaterial	Analysiert am	Glucose mg/5 ml	Trockensubstanz, refraktom. in %	osmotischer Druck in Atm.	Befall
Rannjaja rosa, Knollen warm gelagert	7. 3.	110,28	9,7	11,90	stark, Mycel mit Konidien
6 Tage bei 0°	13. 3.	—	10,3	12,65	desgl.
12 Tage bei 0°	19. 3.	—	10,3	13,48	desgl.
18 Tage bei 0°	25. 3.	120,62	10,6	13,60	desgl.
Phytophthora-Resistente, Knollen warm gelagert	7. 3.	94,08	9,0	10,75	Knollen nicht befallen, Verbräunung der Infektionsstellen
6 Tage bei 0°	13. 3.	—	9,7	11,60	typische *Phytophthora*-Flecke
12 Tage bei 0°	19. 3.	—	9,7	12,22	stark, Mycel mit Konidien
18 Tage bei 0°	25. 3.	117,02	10,9	12,64	desgl.

W. F. KUPREWITSCH (1947) bestreitet überhaupt die Existenz von Inhibitoren (Hemmstoffen) fermentativer Reaktionen.

Zur Erläuterung müssen wir eine kleine historische Aufklärung geben. Als wir unsere Arbeiten durchführten (1936 bis 1938), war die Stoffwechselphysiologie der Kartoffel noch wenig bearbeitet, viele Erscheinungen blieben unklar. Damals nahm man an, daß Enzym-Reaktionen reversibel verlaufen, daß z. B. Amylase Stärke zu Maltose hydrolysiert, aber auch Stärke aus Maltose synthetisiert. Der Versuch bestätigt das jedoch nicht. Die fermentative Hydrolyse verläuft relativ leicht, eine Synthese findet in demselben Medium jedoch nicht statt. Außerdem ist die Reversibilität der Fermentwirkung auch thermodynamisch nicht immer zu begründen. Wir kamen zu der Auffassung, daß Synthese und Spaltung der Stärke in den Knollen nicht durch ein, sondern durch zwei Fermente erfolgt, nämlich der synthetisierenden und der spaltenden Amylase. Wir nahmen an, daß die Hemmung das Ergebnis der gleichzeitig ablaufenden Synthese und Spaltung ist. Die Fähigkeit unseres Sisto-Amylase-Präparats zur Synthese wurde mit der Polymerisation von Dextrinen bewiesen. Im Jahre 1940 veröffentlichte HANES seine Untersuchungen über die Phosphorylase der Kartoffelknollen und Erbsensamen, die aus Glucosemonophosphat Stärke synthetisiert.

Heute wird die Vorstellung von den zwei Fermentsystemen, die Aufbau und Abbau (Phosphorylase) bzw. nur den Abbau (Amylase) der Stärke bewirken, von niemandem mehr bestritten. Ohne die Absicht, ein biochemisches Problem zu lösen, kamen wir nebenbei offensichtlich zu einer richtigen Lösung.

In den biochemischen Untersuchungen der letzten Jahre wird der Wechselwirkung zwischen Phosphorylase und Amylase große Aufmerksamkeit geschenkt. A. L. KURSSANOW und Mitarbeiter (1946) wiesen durch Vakuum-Infiltration von Fermenten in verschiedene Pflanzen die Adsorption hydrolytischer Fermente an Zellkolloide nach. Die adsorbierten Fermente sind jedoch unwirksam. Sie werden erst nach der Desorption wieder aktiv. Nach A. L. KURSSANOW regulieren Adsorption und Desorption der Amylase die Umwandlung von Stärke in Zucker und umgekehrt. Bei Adsorption von Amylase überführt Phosphorylase Zucker in Stärke, bei Desorption häuft sich in der Zelle Zucker an.

A. I. OPARIN und T. N. EWREINOWA (1947) untersuchten die gemeinsame Wirkung von Phosphorylase und β-Amylase (saccharogenes Ferment) unter Bedingungen, die Adsorption der Fermente und des Substrats ausschlossen. Die Reaktion verlief nach folgendem Schema:

$$\text{Glucosemonophosphat} \xrightarrow{\text{Phosphorylase}} \text{Polysaccharid} \xrightarrow{\text{Amylase}} \text{Maltose}$$

wobei sich „in Abhängigkeit von den Veränderungen der Fermentaktivität das Verhältnis der Glieder dieser Kette ändern kann" (loc. cit. S. 1714).

Die Untersuchungen PORTERS (1950) stützen diese Vorstellung. Sie zeigen, daß die β-Amylase als Phosphorylase-Hemmstoff wirken kann.

In neueren Arbeiten wird ziemlich häufig über spezifische Hemmstoffe fermentativer Reaktionen in Pflanzen berichtet, aber ihre Natur wurde bisher wenig untersucht.

Fassen wir zusammen: Hemmstoffe fermentativer Reaktionen sind in Pflanzen weit verbreitet. Einige von ihnen sind unspezifisch, da sie überhaupt alle Fermente oder ganze Gruppen hemmen. Zu diesen kann man die Gerbstoffe rechnen. Andere hemmen spezifisch nur ein Ferment. Schließlich bleibt noch der zuletzt geschilderte Mechanismus, bei dem die Konzentration der Reaktionsprodukte von der Aktivität der die gegenläufigen Reaktionen katalysierenden Fermente abhängt. Dadurch wird die Vorstellung W. I. PALLADINS (1913) von der Regulierung fermentativer Reaktionen durch das Plasma gestützt und weiterentwickelt.

Wichtig sind Angaben von W. F. KUPREWITSCH (1947) über den Bios-Gehalt der Blätter einiger Kartoffelsorten und ihre *Phytophthora*-Resistenz. Anfällige Sorten haben einen erheblich höheren Bios-Gehalt als resistente.

Diese Fragen weiter zu verfolgen ist dringend notwendig. Die sowjetischen Züchtungserfolge schufen hierfür gute Voraussetzungen.

Weitere Untersuchungen des Stoffwechsels der infizierten Pflanze und ihres Parasiten mit den verschiedensten Methoden werden helfen, die beobachteten Gesetzmäßigkeiten zu präzisieren und neue zu finden. Andere *Phytophthora*-Arten wurden bisher kaum physiologisch untersucht. Deshalb sind unsere Kenntnisse für vergleichende Betrachtungen oder Verallgemeinerungen noch zu lückenhaft.

D. Infektionen mit *Botrytis* und *Sclerotinia*

Botrytis- und *Sclerotinia*-Fäulen verursachen an verschiedenen Pflanzen große Schäden. Die Arbeiten M. S. WORONINS (1886), eines der Begründer der modernen Phytopathologie, geben ein klares Bild von der Entwicklung von *Sclerotinia* auf pflanzlichen Geweben, die vom Tod der Zellen und der Zerstörung des Gewebes begleitet wird.

Der Biologie von *Botrytis* und *Sclerotinia* wurden später viele Untersuchungen gewidmet; sie sind bei ZIMMERMANN (1927) zusammengestellt. Diese Erreger verursachen weit verbreitete Krankheiten. Sie rufen Lagerfäulen hervor, befallen Pflanzen im Gewächshaus, auf Feldern und in Plantagen. IKATA und HITOMI (1933) berichten über einen starken Befall von Lilien mit *Botrytis elliptica* in Japan. Dort ist auch die von *B. fabae* hervorgerufene „Schokoladen"-Krankheit der Bohnen sehr verbreitet. Der Gartenbau erleidet durch die Infektion von Tulpen mit *B. tulipae* große Schäden. Manche Paeonien-Sorten baut man wegen ihrer Anfälligkeit für *B. paeoniae* nicht mehr an (WINTERS, 1930).

In einigen Gebieten der Sowjetunion wird Wintergetreide von *Sclerotinia graminearum* befallen (ELENEW, 1926; CHOCHRJAKOW, 1935). Wahrscheinlich begünstigen Überwinterungsschäden die Entwicklung dieses Pilzes; denn gewöhnlich entwickelt sich *Sclerotinia* auf Feldern mit starken Schneedecken. Niedrige Temperaturen begünstigen die Entwicklung von *Botrytis* und *Sclerotinia*. Offensichtlich vermindern diese die Widerstandskraft der Pflanze und die Aktivität antagonistischer Mikroorganismen (WOOD, 1951).

Manche Wirtspflanzenart kann von mehreren Arten des Pilzes befallen werden, so z. B. *Allium spec.* von vier *Botrytis*-Arten: *B. cinerea*, *B. allii*, *B. byssoidea* und *B. squamosa* (BUTLER und JONES, 1949). Sie unterscheiden sich morphologisch und in ihrem Verhalten auf der Pflanze.

Der Kreis der Nutzpflanzen, die von *Botrytis* und *Sclerotinia* befallen werden, ist außerordentlich groß. Die Bekämpfung dieser Krankheiten ist deshalb so schwierig, weil die Anfälligkeit der Pflanzen sich sehr mit ihrem Allgemeinzustand ändert. Alle Einwirkungen, die den Organismus schwächen, verringern die Widerstandsfähigkeit gegen die Infektion und fördern die Entwicklung der Krankheit. Interessante Beobachtungen über die Infektion von Moosen mit *B. cinerea* berichtet BÜSGEN (1918). Moose sind normalerweise gegen *Botrytis* sehr resistent und gelten als Typus der gegen diesen Parasiten immunen Pflanzen. BÜSGEN zeigte, daß sich *Botrytis* auf zerriebenem *Atrichum undulatum* gut entwickelt.

Mnium hornum und *Dicranum scoparium* ließen sich nach Behandlung mit Chloroform leicht infizieren. Die Narkose bewirkte eine Depression der physiologischen Prozesse und Veränderungen des Plasmas, welche die Widerstandskraft des Organismus herabsetzten.

Botrytis und *Sclerotinia* sind Schwächeparasiten, auf der gesunden Wirtspflanze befinden sie sich im Ruhezustand und treten als Saprophyten auf, wenn die Pflanze abstirbt. K. M. MIRONOW (1950) untersuchte die Pilzinfektion von Eibisch auf dem Feld und bei der Röste. Er fand, daß die Pilze, welche den Eibisch auf dem Feld infizieren, auch bei der Eibischröste an der Mazeration der Stengel sowie der Zerstörung der Bastfasern beteiligt sind.

Botrytis und *Sclerotinia* scheiden bei der Infektion geschwächter Pflanzen Fermente und toxische Stoffe ab. Die Toxine töten Zellen ab; dadurch entsteht um den Erreger eine „tote Zone", die zunächst nicht von Saprophyten besiedelt wird. *Botrytis* und *Sclerotinia* entwickeln sich erfolgreich auf der noch „warmen Leiche" der getöteten Pflanze.

Die Toxine dieser Pilze sind noch nicht genügend untersucht. Es ist aber bekannt, daß sie eine organische Säure enthalten. Diese aktiviert eine von den

Pilzen abgeschiedene Pektinase, welche die Mittellamellen auflöst. Bei basischer Reaktion erzeugen die Pilze dieses Ferment nicht und entwickeln sich nur schwach (NEWHOOK, 1951).

GENTILE (1951) fand Welketoxine in Ausscheidungen von *B. cinerea*, die Phenolkörper enthielten. Mehr ist über die Natur dieser toxischen Stoffe bisher nicht bekannt.

Der geschwächten Pflanze fehlen aktive Schutzreaktionen. Die vom Pilz abgeschiedenen Giftstoffe töten die Zellen, ohne aber die Fermentreaktionen zu unterbrechen, die komplizierte Verbindungen in einfache, dem Pilz leicht zugängliche spalten. Klassische Untersuchungen über den Stoffwechsel geschwächter Pflanzen haben D. N. PRJANISCHNIKOW (1945) und seine Schüler durchgeführt. PRJANISCHNIKOW stellte einen Kreislauf von Veränderungen stickstoffhaltiger Stoffe in der höheren Pflanze fest, in dem Ammoniak als Substrat synthetischer Prozesse und Endprodukt von Abbauprozessen fungiert. In der normalen Pflanze dominiert die Eiweißsynthese über den Eiweißabbau. In der geschwächten Pflanze ist es umgekehrt. W. S. BUTKEWITSCH (1904) erreichte diese Schwächung durch Narkose. Es gibt auch andere Einwirkungen, welche die Bildung und Speicherung von Kohlenhydraten verzögern oder unterbrechen.

PRJANISCHNIKOW (1916) fand, daß Pflanzen mit labilem Syntheseapparat ihren Stoffwechsel schnell umstellen. Bei anderen Pflanzen verläuft diese Umstellung langsam. Hier muß der auslösende Faktor länger einwirken.

All das kann uns Hinweise auf die Ursachen der Resistenz gegen *Botrytis* und *Sclerotinia* geben.

Zusammen mit E. CH. GERBER (SUCHORUKOW, GERBER, BARABANOW und BORODULINA, 1933) habe ich Beobachtungen über die Entwicklung von *B. cinerea* auf Kohl angestellt.

Wir versuchten, biochemische Unterschiede in den Blättern infizierter und nichtinfizierter Pflanzen zu ermitteln und nahmen dabei an, daß die Anfälligkeit von Besonderheiten oder Störungen des Stoffwechsels abhängt. Den Kohlenhydrathaushalt beurteilten wir nach dem Zuckergehalt, den Stickstoffhaushalt nach dem Gehalt an Aminostickstoff.

Von gesunden und kranken Kohlköpfen untersuchten wir gesunde Blätter. Sie wurden mit 85prozentigem Alkohol extrahiert, der Extrakt mit Bleiacetat gefällt und die reduzierenden Zucker nach BERTRAND bestimmt. Die Untersuchung dreier Kohlsorten ergab (Mittel aus zwei Bestimmungen):

	Reduzierende Zucker	
	in % des Frischgewichtes	in % der Kontrolle
Sorte Nr. 1 nicht befallen	1,95	100
Sorte Nr. 1 befallen	0,37	19
Sorte Nr. 202 nicht befallen	2,64	100
Sorte Nr. 202 befallen	0,29	11
Sorte Amager nicht befallen	1,39	100
Sorte Amager befallen	0,54	60

Es erkrankten also die Kohlköpfe, die sehr arm an reduzierenden Zuckern waren.

Den Aminostickstoff bestimmten wir nach VAN SLYKE im Preßsaft nur bei Sorte Nr. 202, die von den infizierten Kohlköpfen den niedrigsten Gehalt an reduzierenden Zuckern aufwies. Der Saft wurde mit einer Handpresse aus Blättern gewonnen, die bei —20° C eingefroren und dann schnell aufgetaut worden waren. In 1 ml Preßsaft wurden folgende Mengen Aminostickstoff gefunden (in ml N_2, Normalbedingungen):

befallener Kohl	0,87
gesunder Kohl	0,63.

Durch den Abbau der reduzierenden Zucker wurde auch ein stärkerer Eiweißabbau angeregt, der sich in erhöhtem Gehalt an Aminostickstoff äußerte.

Aus den Analysendaten kann man schließen, daß *Botrytis* Pflanzen infiziert, in denen der Eiweißabbau überwiegt.

Um diese Annahme zu prüfen, infizierten wir Blätter von gesundem Kohl, die vorher durch niedrige Temperatur (—21° C) und Autolyse abgetötet waren. Einige Blätter wurden nach völligem Durchfrieren im Laufe von 24 Stunden aufgetaut und zwei Tage zur Autolyse in Toluoldämpfe gestellt; die anderen wurden noch einen Tag gefroren stehengelassen (insgesamt zwei Tage) und einen Tag zur Autolyse gegeben. In beiden Portionen wurde das Toluol mit wasserdampfgesättigter Luft entfernt. Die Blätter wurden mit *B. cinerea* infiziert, die nicht infizierte Kontrolle mit Toluol belassen. Gleichzeitig wurden frische Blätter infiziert. Fünf Tage lang wurde der Mycelzuwachs und anschließend der Aminostickstoff bestimmt. Der gesamte Versuch wurde bei 25° C durchgeführt; die Ergebnisse der Analysen finden sich in Tab. 17.

Tabelle 17. Entwicklung von *Botrytis* auf frischen und autolysierten Kohlblättern

Zustand der Blätter	Datum der Infektion	Entwicklung des Pilzes			Aminostickstoff ml N_2/ml Preßsaft, Normalbedingungen
		28. März	29. März	30. März	
Blätter gefroren und 2 Tage autolysiert	25. März	Mycelzone ungefähr 0,5 cm ⌀	Mycelzone ungefähr 2 cm ⌀	das ganze Blatt mit Mycel bedeckt	1,56
Kontrolle	nicht infiz.	keine	keine	keine	1,60
Blätter gefroren und 1 Tag autolysiert	25. März	Mycelzone 0,25 bis 0,5 cm ⌀	Mycelzone 1 bis 1,5 cm ⌀	das ganze Blatt mit Mycel bedeckt	1,10
Kontrolle	nicht infiz.	keine	keine	keine	1,15
frische Blätter	25. März	keine	keine	keine	0,70

Aus diesen Werten läßt sich folgern, daß autolysierte Blätter schnell von *Botrytis* befallen werden. Die Ausbreitung der Infektion hängt vom Ausmaß der Autolyse ab. Der Aminostickstoffgehalt der Blätter wird durch den Befall nicht größer. Das beweist die schwache proteolytische Aktivität des Parasiten. Frische Blätter wurden während der fünftägigen Aufbewahrung nicht befallen.

Ihr Aminostickstoffgehalt blieb gering. Dieser Versuch beweist, daß die Resistenz gegen *Botrytis* vom Stickstoffhaushalt abhängt.

Das Fermentsystem der infizierten Pflanze, insbesondere die Proteasen, sind für die Versorgung von *Botrytis* mit stickstoffhaltigen Verbindungen wichtig.

Die Dominanz des Eiweißabbaus über die Synthese ist für alte Pflanzen und Organe charakteristisch. Gerade diese werden häufig von *Botrytis* befallen. Die Speicherung von Abbauprodukten wird durch das Abklingen der Assimilation in der alten Pflanze begünstigt. Dabei können sich Autotoxine bilden, wie sie von SUCHORUKOW und SOTOWA (1950) und von E. G. KLING und M. N. SILEWA (1950) gefunden wurden. Noch in starker Verdünnung hemmten sie die Photosynthese von *Elodea* und Grünalgen.

SUCHORUKOW und NOWOSSELOWA (1952) untersuchten die Entwicklung von *B. tulipae* auf alten Blättern der Tulpe. Der Pilz trat zuerst an der Blattspitze auf und wuchs dann zur Blattbasis. Ihm ging eine dunkelgefärbte „Vergiftungszone" voraus, die durch mit Zellsaft angefüllte Interzellularen auffiel. Die „Vergiftungszone" kann man als ein charakteristisches Merkmal für *Botrytis*-Befall ansehen. Von den Blättern griff der Pilz auf die Zwiebeln über und rief dort Fäule und Zerfall hervor.

Messungen der Atmung gesunder und kranker Blätter (vom Pilz befallene Teile wurden entfernt) bei einer Temperatur von 26° C ergaben folgende Resultate:

Blätter	Atmungsintensität (mg O_2/g Frischgewicht in 1 Stunde)	Respiratorischer Koeffizient CO_2/O_2
Gesunde	0,65	0,93
Kranke	0,15	0,86

Atmungsintensität und Respirationskoeffizient kranker Blätter sind wahrscheinlich infolge Vergiftung durch den Pilz stark herabgesetzt. Die Infektion der Blattspitzen — der ältesten Teile des Organs — wird nach unserer Meinung durch die schwächere Lebenstätigkeit und geringere Widerstandsfähigkeit älterer Gewebe hervorgerufen. In ihnen dominiert der Eiweißabbau. *Botrytis* verstärkt diese Tendenz. So begünstigt die Eigenart des Stoffwechsels in alten Geweben die Pilzentwicklung. Das wird durch die Ergebnisse der Aminostickstoff-Bestimmungen bestätigt, die auf Eiweißabbau hinweisen. Alte gesunde Tulpenblätter wurden in obere (ältere) und in untere (jüngere) Hälften unterteilt, und an zwei Terminen wurde der Gehalt an Aminosäuren nach POPE und STEVENS bestimmt. Es ergaben sich folgende Werte (in mg Aminosäure/g Frischgewicht):

1. Probe:	obere Blatthälfte	0,47
	untere Blatthälfte	0,23
2. Probe:	obere Blatthälfte	0,83
	untere Blatthälfte	0,39

Die älteren Teile des Tulpenblattes sind reicher an Aminosäuren als die jüngeren. Ähnliche Ergebnisse erhielten wir auch bei Iris, Gladiolen und Lilien.

Daß dies nicht für alle Pflanzen gilt, beweisen unsere Analysen einiger anderer Zierpflanzen (Tab. 18):

Tabelle 18. Aminosäuregehalt in alten und jungen Blättern verschiedener Pflanzen

Pflanze	Aminosäuregehalt der Blätter mg NH_3/g Frischgewicht	
	jung	alt
Päonie	0,45	0,60
Helianthus cucumerifolius	1,55	2,12
Georgine	0,53	2,12
Rudbeckia	0,84	0,46
Bocconia	0,90	0,54
Seidelbast	1,40	1,29

Die älteren Blätter enthalten also durchaus nicht bei allen Pflanzen die meisten Aminosäuren (Rudbeckia, Bocconia, Seidelbast). Bei diesen Blättern kann man natürlich eine schnelle Abwanderung der Aminosäuren oder einen niedrigen Eiweißgehalt als Folge seines Abbaus vermuten. Aber die direkte Eiweißbestimmung und die Bestimmung der Aminosäuren in abgetrennten alten Blättern schalten beide Annahmen aus: In abgetrennten alten Blättern wurde zwar Eiweiß abgebaut, aber keine Anhäufung von Aminosäuren beobachtet. Nach unserer Auffassung stützen diese Tatsachen die Ansicht D. N. Prjanischnikows, daß bei Pflanzen Stickstoffkörper auf verschiedene Art und Weise umgewandelt werden.

Die Literatur enthält zahlreiche Angaben über die Resistenz gegen *Botrytis* und *Sclerotinia.* Nach L. M. Mogilew und N. A. Rjachowski (1937) gibt es neben Linsen, die unter Feldbedingungen von *B. cinerea,* dem Erreger der Linsenwelke, befallen werden, auch resistente Sorten. Die Resistenz gegen *S. libertiana* ändert sich mit dem Alter. Nach S. N. Rogatsch-maljutina (1924) ist die Erbse in früheren Entwicklungsstadien nicht anfällig, während erwachsene Pflanzen befallen werden. Unter den Salatsorten gibt es gegen *B. cinerea* resistente und anfällige Sorten. Hohe Feuchtigkeit und niedere Temperatur begünstigen den Befall (Butler und Jones, 1949).

Aus all diesen Angaben läßt sich schließen, daß die Resistenz gegen *Botrytis* und *Sclerotinia* mit dem Stickstoffmetabolismus der Wirtpflanze ursächlich zusammenhängt. So wird durch die Eiweißabbauprodukte die Entwicklung des Pilzes begünstigt. Äußere Einwirkungen, die den Eiweißabbau beschleunigen, fördern ebenfalls die Entwicklung der Krankheit.

Der Stickstoffhaushalt hängt vom Alter der Pflanzen und Organe ab. In der alternden Pflanze dominiert der Eiweißabbau. Die Geschwindigkeit des Alterns ist eine erbliche Eigenschaft, die jedoch von Umweltbedingungen stark modifiziert wird. Ungünstige Umweltfaktoren, wie z. B. Mineralstoff- und Kohlenhydratmangel, Temperaturverhältnisse, Wassermangel, hoher osmotischer Druck, beschleunigen gewöhnlich das Altern. M. M. Okunzow (1946, 1951), Okunzow und Elissejewa (1948) beobachteten, daß viele Kulturpflanzen bei Kupfermangel vorzeitig altern.

Nach Angaben von Okunzow enthalten podsolierte Böden für die Kulturpflanze zu wenig Kupfer. Kupfer spielt im Stoffwechsel, besonders der Chloroplasten eine große Rolle. In den nördlichen Torfböden kommt Kupfer an organische Stoffe gebunden vor und ist für die Pflanze unzugänglich. Auf solchen Böden trocknet Getreide bereits vor dem Ährenschieben ab. M. M. Okunzow klärte die Ursachen der Krankheit auf und arbeitete Bekämpfungsmethoden aus. Die Erkenntnisse aus diesen Arbeiten führten dahin, daß umfangreiche unfruchtbare Felder fruchtbar gemacht wurden, auf denen jetzt Getreide, in erster Linie Weizen, gut gedeiht.

Auf der Züchtung resistenter Sorten und auf ackerbaulichen Maßnahmen sollte man die Bekämpfung der *Botrytis*- und *Sclerotinia*-Fäulen aufbauen. Das Studium des Stickstoffhaushalts befallener und resistenter Pflanzen wird das Verständnis für die Immunität gegen diese Krankheit fördern.

E. *Verticillium*-Welke

Eigenartige Wechselbeziehungen bilden sich zwischen Pflanzen und solchen parasitären Pilzen heraus, die sich in den Leitbündeln ansiedeln und „Welken" hervorrufen. Die Erreger sind meist *Fusarium*-Arten aus der sectio *Elegans* und *Verticillium*-Arten. Nach Sherbakoff (1949) treten auf folgenden Kulturpflanzen *Fusarium*-Arten als Welkeerreger auf.

Pflanze	Welkeerreger
Aster	*Fusarium conglutinans* v. *callistephi*
Banane	*F. cubense*
Kohl	*F. conglutinans*
Nelke	*F. dianthi*
Sellerie	*Fusarium*-Art nicht identifiziert
Baumwolle	*F. vasinfectum*
Vigna sinensis	*F. tracheiphilum*
Flachs	*F. lini*
Melone	*F. bulbigenum*, *F. niveum*
Erbse	*F. orthoceras* v. *pisi*, *F. oxysporum*, *F. martii* v. *pisi*
Spinat	*F. spinaceae*
Batate	*F. batatis*, *F. hyperoxysporum*
Tabak	*F. oxysporum* v. *nicotianae*
Tomate	*F. lycopersici*

Die Systematik der pathogenen *Verticillium*-Arten ist noch unzulänglich bearbeitet. Anscheinend sind *V. albo-atrum* und *V. dahliae* am weitesten verbreitet. Sie lassen sich morphologisch nicht voneinander unterscheiden. Von *Verticillium*-Welken werden viele Pflanzen befallen. Am besten ist dieser Welke-Typ bei folgenden Kulturpflanzen untersucht (nach Sherbakoff): Chrysantheme, Baumwolle, Eierfrucht, Nelke, Guayule, Minze, Pfeffer, Kartoffel, Himbeere, Erdbeere. Da Welkekrankheiten der Landwirtschaft beträchtlichen Schaden zufügen, wird ihrer Bekämpfung große Aufmerksamkeit gewidmet.

Wir beschäftigten uns eingehender mit der *Verticillium*-Welke der Baumwolle, die in Europa, Asien, Afrika, Nord- und Südamerika weit verbreitet ist und Ertrag und Qualität der Baumwolle erheblich vermindert.

Sie äußert sich durch folgende Symptome: Anfangs treten an den Blättern helle Flecke auf, die vergilben und dann eintrocknen. Dann stellt die Pflanze das Wachstum ein, und die schlecht entwickelten Kapseln öffnen sich vorzeitig. Das normale Ausflocken der Wolle unterbleibt. Die äußeren Merkmale reichen jedoch zur Identifizierung eines *Verticillium*-Befalls nicht aus, weil auch andere Ursachen, insbesondere ungünstige Bodenverhältnisse, die beschriebenen Erscheinungen hervorrufen können. Andererseits ist der *Verticillium*-Befall nicht immer von diesen Symptomen begleitet.

Charakteristische und zuverlässige Merkmale der Infektion sind Nekrosen im Xylem, die man an Wurzel- und Stengelschnitten erkennt. Die pathogenen *Verticillium*-Arten haben breite Wirtsspektren. Die saprophytische Phase verbringen sie als Mikrosklerotien im Boden. An *Verticillium* verseuchtem Boden des Ferganer Tales zeigten A. R. Werner und K. E. Owtscharow (Suchorukow, 1940), daß der Pilz in Pflanzenrückständen erhalten bleibt. Er stirbt aber ab, sobald die Reste verrotten. Die Selbstreinigung des Bodens wird beschleunigt, wenn die Bodenmikroflora aktiviert wird. So soll sich auch die gute Wirkung von Luzerne in der Fruchtfolge erklären.

Nach der Keimung der Sklerotien dringt das Pilzmycel in Tracheen des Wirtes ein. Der Weg des Pilzes in die Pflanze und der Infektionstermin sind noch nicht ganz geklärt. Sehr ausgeprägt erscheint die Krankheit während der Blüte und bei der Fruchtbildung. Die Resistenz wird von der Anatomie des Stengels und der Wurzel beeinflußt. Resistente Pflanzen haben, nach E. G. Kling (1937), vielreihige Markstrahlen mit starker Stärkeablagerung, einen festen Holzteil mit kleinen Interzellularen und verdickten Zellwänden.

N. F. Grigorjan (1949) fand, daß „eine direkte Abhängigkeit zwischen der Stärke der Zellwände der Sklerenchymfasern des Stengels und der Wurzel der Baumwolle und ihrer Welkeresistenz besteht. Die Unterschiede in der Stärke der Zellwände sind so deutlich, daß sie ohne spezielle Infektionsversuche zum Bestimmen der Resistenz von Baumwollsorten benutzt werden können“ (S. 66 und 67).

In derselben Arbeit gibt N. F. Grigorjan Maße von Tracheen- und Sklerenchymsträngen an (Tab. 1 u. 2). Die Durchmesser sind bei resistenten Sorten kleiner als bei anfälligen, d. h. bei den resistenten Sorten ist der Holzteil dichter gelagert. Die Abbildungen zeigen in den Markstrahlen resistenter Sorten massenhaft Stärke. Obwohl N. F. Grigorjan die Ansichten E. G. Klings nicht teilt, führen die Ergebnisse beider Forscher jedoch zu den gleichen grundsätzlichen Schlußfolgerungen. Mit Sicherheit sind also folgende anatomische Besonderheiten der Baumwolle für ihre Welkeresistenz ausschlaggebend: dichter Bau des Holzteiles von Wurzel und Stengel, besondere Sklerenchymzellen, Tracheen mit verringertem Durchmesser, gut ausgeprägte Markstrahlen und Holzparenchym mit reichlicher Stärkeablagerung. Die anatomischen Besonderheiten resistenter Pflanzen erklären sich aus den physiologischen Vorgängen, die in den befallenen Tracheen ablaufen.

Das in die Trachee eingedrungene Mycel wächst schnell und verbraucht dabei für seinen Bau- und Betriebsstoffwechsel die Stoffwechselprodukte des Wirtes. Die infizierte Pflanze bleibt im Wuchs zurück, ihre Assimilation vermindert sich, ihre Blätter vertrocknen, und die Pflanze geht schließlich zugrunde (OKNINA, 1937).

Das Gefäßsystem der befallenen Pflanze erscheint im Schnitt schmutzigbraun verfärbt. Infizierte Leitbündel zeigen im Längsschnitt Verfärbung auch der an die Tracheen grenzenden Geleitzellen, die dort beginnt, wo das Mycel eindringt (KLING, 1938). Die Verfärbung der Zellen weist auf ihr Absterben hin. Der Pilz wächst in den toten Tracheen weiter. Er entwickelt sich also in der lebenden Wirtspflanze, aber umgeben von totem Gewebe. Die schnelle Nekrose wird gewöhnlich mit der Vergiftung durch Toxine der Parasiten erklärt. Dabei wird vorausgesetzt, daß die Toxine für alle Zellen giftig sind und daß die Giftwirkung nur von der Konzentration abhängt.

Die Verfärbung der nekrotischen Bezirke beruht auf der Anhäufung von Melaninen als Folge verstärkter Oxydationen. Ihre Bildung ist irreversibel (PUGH und RAPER, 1927; FÜRTH und THALLMAYER, 1937).

Nach histochemischen Beobachtungen zeichnet sich das Xylem-Parenchym durch erhöhte Oxydaseaktivität aus. Das gilt außer für Baumwolle auch für eine Reihe anderer Pflanzen. Im Holzteil sind also die Bedingungen für die Bildung von Melaninen besonders günstig. Tatsächlich lagern einige Pflanzen im Kernholz ohne Mithilfe fremder Organismen Farbstoffe ab. Aber bei gesunden krautigen Gewächsen fehlen derartige Vorgänge. Sie entstehen nur bei gewissen Infektionen, insbesondere bei der Verticilliose. Der Zusammenhang zwischen Infektion und verstärkter Oxydation zwingt zu der Vermutung, daß der Parasit auf die Oxydasen der Zelle einwirkt. SUCHORUKOW und STROGONOW (1937) untersuchten zuerst die Oxydasen des Parasiten. Wir verwendeten Stämme von *V. dahliae* und *V. albo-atrum*, die E. S. OKNINA aus kranker Baumwolle isoliert hatte.

Beide Pilze wurden auf einem zuckerhaltigen, mineralischen Nährboden kultiviert. Die Peroxydase-Bestimmung im Mycel und Filtrat verschieden alter Kulturen ergab folgendes:

Welkeerreger	Alter der Kultur Tage	Peroxydase im Mycel ml 0,1 n $KMnO_4$	Peroxydase im Kulturfiltrat ml 0,1 n $KMnO_4$
V. dahliae	30	0	0
	38	9,4	Spuren
	58	0	Spuren
V. albo-atrum	30	8,5	0
	38	3,0	0
	58	7,0	Spuren

Die Peroxydase wurde nach der Pyrogallol-Methode (SUCHORUKOW u. a., 1933) bestimmt und ihr Gehalt auf 1 g trockenes Mycel und die entsprechende Menge Kulturfiltrat berechnet. Die Ergebnisse sind in ml 0,1n Permanganat angegeben.

Aus diesen Werten geht hervor, daß keine Peroxydase in das Substrat ausgeschieden wird. Der Peroxydase-Gehalt des Mycels ändert sich mit dem Alter der Kultur.

Da der Pilz keine Peroxydase ausscheidet, muß die verstärkte Oxydation in der Pflanze andere Ursachen haben. Während die Peroxydase-Aktivität eines Meerrettich-Präparates durch Kulturfiltrat von *Verticillium* erhöht wurde, zeigten wäßrige Extrakte aus dem Mycel sogar gewisse Hemmeffekte (Tab. 19).

Tabelle 19. **Aktivatoren und Hemmstoffe der Peroxydase von *Verticillium albo-atrum* und *V. dahliae***

Pilz	Alter der Kultur Tage	Wirkung des Aktivators (+) oder Hemmstoffs (—) ml 0,1 n $KMnO_4$	
		Extrakt aus Mycel	Kulturfiltrat
V. dahliae	30	+1,1	+1,7
V. albo-atrum		—3,5	+5,5
V. dahliae	38	—3,3	+1,3
V. albo-atrum		—0,3	+0,5
V. dahliae	58	+1,3	+9,0
V. albo-atrum		—0,7	+8,7

Nach B. P. STROGONOW behält der aktivierende Stoff seine Wirkung beim Erwärmen auf 120° C, wird aber bei 130° C unwirksam.

Diese Ausscheidungen bestimmen die Beziehungen des Parasiten zur befallenen Pflanze. Wenn der Aktivator in die Zellen eindringt, werden weitgehende irreversible Oxydationen ausgelöst. Schließlich stirbt die Zelle ab. Darüber wird eingehender im Kapitel über die Nekrosen und ihre Bedeutung für die Resistenz berichtet.

Verticillium findet in der Umgebung toter Zellen günstige Ernährungsbedingungen. Durch die lebenden Gewebe der Pflanze ist der Erreger gegen das Eindringen anderer Mikroben geschützt. Aus der kranken Pflanze läßt er sich leicht isolieren, aus dem Boden jedoch nur unter Schwierigkeiten. Da sich *Verticillium* auf Nährböden viel langsamer entwickelt als andere Organismen, meist Bodensaprophyten, wird der Pilz von ihnen unterdrückt.

Mit der Entwicklung des Pilzes in den Tracheen sterben Zellen des Holzparenchyms ab. Das beobachtet man bei resistenten und anfälligen Pflanzen, bei letzteren in großem Maße. Hierdurch werden die Entwicklung des Pilzes und sein Eindringen in neue Tracheen begünstigt. Der Tod der Zellen macht Schutzreaktionen unmöglich.

In resistenten Pflanzen findet der Parasit andere Bedingungen. Nach den anatomisch-physiologischen Untersuchungen von E. G. KLING (1938) rufen die beginnenden Nekrosen reichliche Thyllenbildung und Harzabsonderung hervor. Der infizierte Teil der Gefäße gliedert sich ab, er wird fest von Thyllen eingeschlossen und scheidet Wundharz aus. Bei anfälligen Pflanzen ist die Thyllenbildung viel schwächer oder fehlt ganz. Die Thyllen sind Wucherungen parenchymatischer Zellen, die in die Tracheen eindringen. Natürlich stellt die Thyllenbildung besondere Anforderungen an den Baustoffwechsel, die schlecht genährte oder stark wachsende Pflanzen nicht befriedigen können. E. G. KLING entfernte von kranken Baumwollpflanzen Blüten und Knospen und erreichte, daß die Pflanzen gesund wurden, was sich in intensiverem Wachstum und in der Bildung neuer turgeszenter Blätter zeigte. Anatomisch wurde verstärkte Tätigkeit des Kambiums und Neubildung von Holzelementen mit reicher Stärkeablagerung in den lebenden Zellen beobachtet. In den befallenen Gefäßen des Xylems stellte man Thyllenbildung und Anhäufung von Tanninen fest.

Es gibt also verschiedene Formen von Resistenz gegen die *Verticillium*-Welke, von denen zwei als gesichert gelten dürfen. Einmal kann der Parasit nicht in die Trachee eindringen; die Ursache liegt hier offensichtlich in anatomischen Besonderheiten der Sproßorgane. Das andere Mal dringt der Parasit in die Trachee ein. Ein Teil der parenchymatischen Zellen in der Umgebung der Trachee stirbt ab. Die überlebenden Zellen beginnen zu wuchern und isolieren den befallenen Gefäßteil. Diese Form der Resistenz ist weit verbreitet und tritt verschieden stark auf. Der isolierte Parasit verliert seine Lebensfähigkeit nicht. Deshalb kann von hier die Krankheit erneut ausbrechen, wenn sich die Disposition der Pflanze verändert.

Sind Pflanzen durch Fruchtbildung und Wachtum oder falsche ackerbauliche Maßnahmen sehr erschöpft, so ist die Thyllenbildung schwächer. Das begünstigt die Aktivierung des Pilzes. Maßnahmen zur Steigerung der Assimilation und Anreicherung von Reservestoffen in der Pflanze erhöhen ihre Resistenz und verhindern die Aktivierung des Pilzes in den inneren Infektionsherden.

Zur Beurteilung des Wirt-Parasit-Verhältnisses sind noch einige andere Fragen wichtig, die sich aus der Biologie des Pilzes und der Physiologie des Leitgefäßsystems des Wirtes ergeben.

Können vom Pilz befallene Gefäße funktionieren? Eine Beantwortung dieser Frage ist bis jetzt nicht möglich, denn unsere Kenntnisse von der Physiologie des Leitgefäßsystems erlauben noch keine bestimmten Schlußfolgerungen.

Nach DIXON (1914) spielen die Gefäße eine rein mechanische Rolle als Rohr, in dem das Wasser durch Wurzeldruck und Transpirationssog der Blätter bewegt wird. In der modernen Physiologie ist die Ansicht DIXONS von den zwei Triebkräften des Wasserstroms — der Wurzel und des Blattes — weithin anerkannt. Sie wurde lange Zeit nicht geprüft. Nach einer Hypothese von E. GODLEWSKI (1884) sind die lebenden, die Gefäße umgebenden Zellen des Stengels in der Lage, durch periodische Änderung ihrer chemischen Zusammensetzung Wasser aus dem Gefäß zu saugen und es wieder in das Gefäß auszuscheiden. Diese Hypothese fußt auf anatomischen Untersuchungen RUSSOWS (zit. nach DIXON, 1914) und Untersuchungen des „Blutens“ durch O. W. BARANEZKI (1872). Dieser fand bei einigen dekapitierten krautigen Gewächsen selbst bei konstanten Außenbedingungen eine

Periodizität des „Blutens", die er als Anpassung an den periodischen Wechsel zwischen Licht und Dunkelheit auffaßte. Auch er war der Meinung, daß die lebenden Zellen des Stengels am Wassertransport beteiligt sind. ENGEL und HEIMANN (1949) beobachteten auch bei Guttation unter konstanten Bedingungen eine Periodizität.

Eine kritische Betrachtung der Hypothese von GODLEWSKI gab DIXON (1914). Danach kann nur das unversehrte Gefäß Wasser transportieren. Der Zustand des Parenchyms soll keinen Einfluß darauf haben. Unsere Beobachtungen zeigen jedoch, daß der Tod der parenchymatischen Zellen die Funktion des Gefäßes hemmt und ohne sichtbare Verletzungen desselben die Bildung von Thyllen bewirkt.

Daher scheint uns die Auffassung SLEETHS (1933) nicht begründet, wonach das Mycel die Gefäße verstopft und Thyllen die Wasserzufuhr beeinträchtigen. Diese Veränderungen treten ja erst auf, wenn die Gefäße ihre Tätigkeit bereits eingestellt haben.

Es war nicht unsere Absicht, die Richtigkeit der Hypothese GODLEWSKIS oder der Ansichten DIXONS über die Rolle der lebenden Zellen im Stengel zu beweisen. Doch ist die Zeit zur Überprüfung der Vorstellungen über die Physiologie des Gefäßsystems und der kranken Pflanze zweifellos herangereift.

V. Nekrose und ihre Bedeutung für die Immunität

A. Atmung der Pflanze unter ungünstigen Bedingungen

Die phytopathogenen fakultativen und obligaten Parasiten verursachen sehr häufig Nekrosen.

Schwächeparasiten vom Typ *Botrytis* töten die Zellen durch Mazeration und durch Toxine. Der Tod der Zellen ist in diesem Fall die Folge schon lange abgelaufener Zerfallsprozesse der Zellinhaltsstoffe.

Befallen obligate Parasiten ungeschwächte Pflanzen, so treten die Nekrosen schnell und deutlich auf. In der Regel sind gerade Zellen hoch resistenter Pflanzen besonders empfindlich.

Die Ursache der Nekrose bei Befall durch fakultative Parasiten ist verständlich, sie bleibt aber rätselhaft bei den obligaten Parasiten und die obengenannte hohe Empfindlichkeit gegen die Infektion ist natürlich nicht das Wesen dieser Erscheinung. Schon beim Eindringen der Parasiten in die Zelle führt bereits ihr erster Kontakt mit dem Plasma zu tiefgehenden Veränderungen desselben und zum Tod der Zelle. Das Wesen dieser Überempfindlichkeitsreaktion ist noch unbekannt.

Der Zelltod kann durch die schnelle Zerstörung des Plasmas oder durch eine heftige Störung des Stoffwechsels ausgelöst werden. Die zweite Deutung ist wahrscheinlicher, da der Parasit beim Eindringen sofort eine solch tiefgehende Zerstörung des Plasmas kaum hervorrufen kann. Offensichtlich führt eine geringe chemische oder mechanische Einwirkung des Parasiten auf die Zellen zu einer starken Störung des Stoffwechsels und schließlich zur Zerstörung des Plasmas. Der Zustand der Zelle nach dem Absterben läßt auf energische Oxydation schließen. Es erhebt sich die Frage, ob diese nicht auch die eigentliche Ursache für die Zerstörung des Plasmas ist. Für diese Annahme sprechen verschiedene Gründe.

Der pflanzliche Organismus besitzt einen gut ausgebildeten Fermentapparat zur Assimilation und Aktivierung des atmosphärischen Sauerstoffs, der ständig von den Stoffwechselprozessen des Plasmas verbraucht wird. Bis jetzt fand man in Pflanzen drei Oxydationsketten, auch weitverbreitet Peroxydasen (Bonner, 1950). Der Sauerstoffverbrauch der Oxydasen entspricht den maximalen Bedürfnissen des Organismus. Unter bestimmten Bedingungen übersteigt der Bedarf jedoch die Sauerstoffaufnahme. In dieser Beziehung interessante Ergebnisse erzielte Fleury (1949) bei der Untersuchung der Melanin-Bildung bei *Aspergillus niger*. Er stellte eine Abhängigkeit zwischen der Melanin-Bildung und dem Alter des Pilzes, den Autolyseprozessen, der Zusammensetzung des Nährbodens und der Anwesenheit von „Antioxydantien" im Medium fest. Als Antioxydans wurden Thioharnstoff und Derivate davon untersucht. Thioharnstoff, der als Antioxydans für gewisse pflanzliche Oxydasen bekannt ist, hemmt die Sauerstoffaufnahme des wachsenden

Pilzes. In Gegenwart von Thioharnstoff (RAULIN-Nährboden) nahm der Pilz fast viermal weniger Sauerstoff auf, dabei wurde ein Zuwachs von Mycel-Masse beobachtet. Das Verhältnis von aufgenommenem Sauerstoff zur Mycel-Masse spiegelt sich in folgenden Werten wieder: 32,6 ohne Thioharnstoff, 5,8 mit Thioharnstoff. Die Pigmentierung des Mycels und der Konidien von *A. niger* auf Thioharnstoffmedien wurde gehemmt. Pigmentierung und Zytolyse verlaufen bei *A. niger* parallel und stellen Wachstumsveränderungen dar.

Nach FLEURY übersteigt bei *A. niger* die Sauerstoffaufnahme den Bedarf des Organismus; der Sauerstoffüberschuß geht in einfache, außerhalb des allgemeinen Stoffwechsels ablaufende Reaktionen.

Bei höheren Pflanzen ist das Verhältnis zwischen Sauerstoffaufnahme und Sauerstoffbedürfnis sehr viel schwieriger festzustellen; eindeutige Ergebnisse gibt es bis jetzt nicht.

Hinweise zur Lösung dieses Problems können Untersuchungen des Atmungsstoffwechsels bei Pflanzen unter verschiedenen Lebensbedingungen geben.

SUCHORUKOW und TSCHEREPANOWA (1952) untersuchten im BARKROFT-Apparat den Gasaustausch von keimenden Samen und von Blättern bei 26° C.

Die Weizenkörner keimten bei Zimmertemperatur. Am zweiten, dritten, vierten Tage der Keimung wurde der Gasaustausch sowohl ganzer Keimlinge als auch der Embryonen und des Endosperms bestimmt mit folgendem Ergebnis:

	aufgenommener O_2 (in mg/g Ausgangsgewicht)	Atmungskoeffizient
Zwei Tage Keimung		
Isolierte Embryonen	0,76	0,95
Isoliertes Endosperm	0,041	0,50
Drei Tage Keimung		
Ganze Keimlinge	2,66	0,98
Isolierte Embryonen	1,35	0,99
Vier Tage Keimung		
Ganze Keimlinge	3,47	1,00
Isolierte Embryonen	2,66	0,98
Isoliertes Endosperm	0,031	0,67

Die Endospermzellen zeigten von der Keimung an die nach KÜSTER (1925) typischen Zytolyse- und Absterbeerscheinungen. Wir beobachteten eine schnelle Schwärzung des isolierten Endosperms, jedoch nicht bei ganzen Keimlingen.

Nach der vorstehenden Aufstellung ist beim Endosperm die absolute Intensität der Sauerstoffaufnahme beträchtlich geringer als beim Embryo. Auch der Atmungskoeffizient des Endosperms bleibt niedriger als der des Keimlings, d. h., es wird mehr Sauerstoff aufgenommen als Kohlensäure abgegeben. Ganze Keimlinge nehmen mehr als die Summe des von dem isolierten Embryo und dem isolierten Endosperm verbrauchten Sauerstoffs auf.

Der Atmungskoeffizient des Endosperms und die Verfärbung des Gewebes sind Zeichen mangelnder Übereinstimmung zwischen Sauerstoffaufnahme, Sauerstoffbedarf und den Oxydationen, die unter Bildung von Melaninen ablaufen.

Eine solche Diskrepanz zwischen Sauerstoffaufnahme und Sauerstoffbedarf kann man, wie wir annehmen, durch eine starke Verschlechterung der Lebensbedingungen der Pflanze hervorrufen. Wir prüften diese Vorstellung an Weizen-, Rettich-, Erbsensamen und austreibenden Zwiebeln von *Allium caesium.* Die Samen keimten bei Zimmertemperatur (ungefähr 20° C) in zwei Tagen, danach wurden die Keimlinge 24 Stunden bei 20°, 8° und 2° C gehalten. Die Zwiebeln von *A. caesium* hielten wir vier Tage bei Zimmertemperatur und danach 24 Stunden bei 20°, 8° und 2° C. Der Gasaustausch wurde mit dem Barkroft-Gerät bei 26° C bestimmt (Tab. 20).

Tabelle 20. Gasaustausch von Keimlingen nach Behandlung mit verschiedenen Temperaturen (Temperatur während der Bestimmung 26° C)

Versuchsobjekt	Temperatur (in °C)	Aufgenommener O_2 (in mg/g Frischgew./h)	Atmungskoeffizient
Weizen (*Triticum vulgare*)	20	3,03	0,94
	8	2,64	0,85
	2	2,00	0,69
Rettich (*Raphanus sativus* v. *niger*)	20	7,34	0,51
	8	4,70	0,42
	2	4,20	0,58
Erbse (*Pisum sativum*)	20	1,31	0,90
	8	1,04	0,86
	2	1,77	0,66
Zwiebel (*Allium caesium*)	20	0,54	0,95
	8	0,38	0,92
	2	0,64	0,75

Abgesehen von den Rettichkeimlingen, die auch unter normalen Bedingungen einen kleinen Atmungskoeffizienten haben, fällt bei den übrigen Pflanzen das starke Absinken des Koeffizienten nach Behandlung mit niedrigen Temperaturen auf.

Blätter reagieren auf niedrige Temperaturen entsprechend den biologischen Eigenheiten der Pflanzen äußerst mannigfaltig, jedoch ist die allgemeine Tendenz ähnlich wie bei den Keimlingen. So wurden für die Atmung von Pomeranzenblättern, die vor dem Versuch 24 Stunden bei verschiedenen Temperaturen gehalten wurden, folgende Werte erzielt (Tab. 21).

Bei den Blättern vieler Pflanzen war der Atmungskoeffizient bei niedrigen Temperaturen und bei solchen, die beinahe zum Absterben des Blattes führten, ungefähr 0,8.

Wurde bei Zimmertemperatur eine einprozentige Tanninlösung (mediz. Tannin) infiltriert, so sank der Atmungskoeffizient bei verstärkter Sauerstoffaufnahme auf 0,8. Auf diesem Wert blieb er auch bei niedrigeren Temperaturen. Medizinisches Tannin ist chemisch nicht einheitlich, sondern ein Gemisch von Glycosiden und Depsiden der Gallus-Säure.

Bei vollständiger Oxydation der Gallus-Säure ($C_7H_6O_5$) sollte der Respirationskoeffizient des Blattes 1,17 sein, d. h. beinahe dem unter normalen Bedingungen entsprechen. Der Unterschied zwischen den berechneten und den gefundenen Werten zwingt zu der Annahme, daß das in die Pflanze eingeführte Tannin nicht vollständig zu Kohlensäure und Wasser oxydiert, sondern in eine intermediäre oxydierte Verbindung überführt wird. Offensichtlich ist die Veränderung der Atmung in diesem Fall eine Folge einfacher Oxydationen.

Tabelle 21. Gasaustausch von Pomeranzen-Blättern, die 24 Stunden unter verschiedenen Temperaturen gehalten wurden

Temperatur vor der Messung (in °C)	Aufgenommener O_2 (in mg/g/h)	Atmungskoeffizient
23	2,58	0,92
13	1,55	0,93
8	2,25	0,90
2	2,06	0,88
0	1,45	0,74
— 2	0,53	0,73

Die Assimilation und Aktivierung des Sauerstoffs durch die pflanzliche Zelle wird durch sehr wirksame und vielfältige Oxydationen gelenkt.

S. D. Lwow (1950) glaubt, die Mannigfaltigkeit pflanzlicher Oxydasen durch die größere Primitivität der Pflanze gegenüber tierischen Organismen erklären zu können.

Dieses Charakteristikum kann wohl kaum als Zeichen für Primitivität oder Vollkommenheit des Stoffwechseltyps dienen, eher läßt es Schlüsse auf den Grad der Anpassung des Organismus zu. Bekanntlich können aerobe Pflanzen bei sehr unterschiedlichen Sauerstoffpartialdrucken atmen (Iwanowski, 1917—1919). Unter ungünstigen Bedingungen geht der assimilierte Sauerstoff teilweise oder ganz in einfachere Oxydationsreaktionen ein, die normalerweise im Stoffwechsel des Organismus keine Rolle spielen. Die dabei reagierenden Stoffe können fermentativ oder ohne die Hilfe von Fermenten oxydieren. Sie sind in der Pflanzenwelt weit verbreitet; zu ihnen kann man Polyphenole, Phenolcarbonsäure, Gerbstoffe, Anthocyane, Ascorbinsäure und andere einfache und komplizierte Verbindungen rechnen. Indem sie selbst oxydiert werden, schützen sie das Plasma vor der Wirkung des aktivierten Sauerstoffs. Auf die Schutzfunktion der Gerbstoffe hat Hauser (1935—1937) hingewiesen. Nach unserer Meinung besteht die Schutzfunktion darin, daß die Gerbstoffe Sauerstoff aufnehmen in Phasen herabgesetzten Stoffwechsels der Pflanze. Mit anderen Worten: Pflanzliche Organismen verfügen über Möglichkeiten, das Oxydasesystem der normalen Atmung auf einfache Oxydationsreaktionen umzustellen, die keine Bedeutung für den Grundstoffwechsel haben.

B. Mögliche Ursachen der Nekrosen

Physiologische Untersuchungen an kranken Pflanzen liefern mannigfaltige Erkenntnisse über Oxydationsvorgänge in den Geweben. Bedeutendes praktisches und theoretisches Interesse hat die sog. Schwarzherzigkeit der Kartoffel. Bei längerer Lagerung verfärbt sich das Knollenfleisch dunkel. Anfangs treten nur dunkle Flecke auf, die sich später zu einem Ring oder einer kompakten Masse vereinen; dann stirbt das geschwärzte Fleisch ab. Mangelhafte Lagerung, insbesondere falsche Temperaturverhältnisse, begünstigen die Krankheit. Nach DAVIS (1926) ist die elektrische Leitfähigkeit des geschwärzten Gewebes erhöht, was von einer größeren Durchlässigkeit des Zellplasmas für Elektrolyte zeugt. In den Interzellularen steigt der Kohlensäuregehalt auf 5—6% bei einem Sauerstoffgehalt von 10—11%. Der Atmungskoeffizient liegt unter dem normalen Wert, wobei für Kartoffelknollen 1 als Norm angenommen wird (BARRON und Mitarbeiter, 1950.) Wie DAVIS annimmt, kann das in den Zellen enthaltene Solanin bei höheren Temperaturen auf die Zellen giftig wirken und zur Schwärzung führen. Nach LARSON (1945) tritt die Schwarzherzigkeit bei den einzelnen Sorten in verschiedenem Grade auf. W. F. KUPREWITSCH (1940, 1947) stellte in kranken Knollen eine verstärkte Aktivität der Phenolase und Tyrosinase, eine erhebliche Steigerung des Tyrosingehalts und eine merkliche Erhöhung des Gehalts an Aminostickstoff fest. Preßsaft kranker Knollen dunkelte an der Luft zwei- bis viermal schneller als Preßsaft gesunder Knollen. Die Vorgänge in den Geweben kranker Pflanzen ähneln nach KUPREWITSCH Autolysereaktionen.

Zu den mannigfaltigen Ursachen der Schwarzherzigkeit zählt W. F. KUPREWITSCH ungünstige Temperaturverhältnisse, mechanische Verletzungen und falsche Anbaumaßnahmen. Sehr wahrscheinlich begünstigen auch Bodenverhältnisse, insbesondere die Bodenreaktion, diese Erkrankung (JONES, 1951). Auch durch pathogene Pilze, Bakterien und Viren wird Schwärzung hervorgerufen. Bei fakultativen und wenig spezialisierten Parasiten ist sie eine Folge postumer Oxydationsreaktionen. Das Absterben erfolgt, bevor der Parasit eindringt und ist in diesen Fällen bedingt durch Vergiftung der Zellen mit toxischen Stoffwechselprodukten des Parasiten. In den abgetöteten Geweben gehen Autolyse- und Oxydationsreaktionen vor sich.

Die Autolyse begünstigt die Entwicklung von Mikroorganismen. Die Oxydation ruft in den abgetöteten Geweben Schwärzung oder Farbveränderungen hervor. Die äußeren Erscheinungsformen der Oxydation sind für die einzelnen Erkrankungen unterschiedlich und dienen als diagnostisches Merkmal zur Feststellung des Erregers. Ferner deuten sie auf verschiedene Oxydationsstufen hin. Diese hängen von der Menge der beteiligten Fermente, von den Bedingungen, die ihre Aktivität bestimmen, und von Art und Menge der zu oxydierenden Verbindungen ab. Zu den Fermenten der abgetöteten Zelle können noch vom Parasiten ausgeschiedene hinzutreten. Außerdem können die Parasiten Inhibitoren oder Aktivatoren abscheiden. Nach W. I. PALLADIN (1924) kommen in der Pflanzenwelt Stoffe, die durch Oxydasen leicht angegriffen werden, häufig vor.

Die Bedeutung der oxydativen Reaktionen in den Geweben für die Entwicklung fakultativer Parasiten ist größtenteils noch ungeklärt. Daher können hierüber nur Vermutungen geäußert werden. Höhere Pflanzen enthalten Antibiotica, die B. P. TOKIN (1942, 1948) Phytonzide nennt. Sie sind in frisch zerriebenen Pflanzen leicht feststellbar. An der Luft verlieren die zerriebenen Pflanzenteile und die Preßsäfte ihre antibiotischen Eigenschaften (möglicherweise infolge von Oxydationen).

WAGNER (1914) untersuchte die bakterizide Wirkung von Preßsäften verschiedener Pflanzen. Sie wurden nach einiger Zeit an der Luft dunkel und verloren ihre Wirkung. Die unter den höheren Pflanzen weitverbreiteten Gerbstoffe können als Antibiotica und als Fermenthemmstoffe Bedeutung haben. Stoffe vom Typ der Tannine werden häufig als Schutzstoffe der Pflanzen gegen Infektionen mit fakultativen Parasiten angesehen (KLOTZ, 1927; CHONA, 1932). Bei starken Oxydationen verändern sich diese Stoffe stark und verlieren ihre Wirkung.

So schwärzt sich bei manchen Krankheiten das Gewebe, ehe der fakultative Parasit eindringt. Solche Reaktionen machen vielleicht den Nährboden für den Parasiten „unschädlich" und ermöglichen dadurch seine Ausbreitung in diesen Geweben. Folglich können das Absterben der Zellen und die damit verbundene Oxydation hier kaum, wie bei den obligaten Parasiten, als Abwehrreaktion wirken, jedoch können diese Vorgänge lebende Zellen desselben oder benachbarten lebenden Gewebes zum Wachstum anregen. Die infizierten Zellen werden durch Wund- oder Korkgewebe isoliert, dadurch wird die Weiterverbreitung des Parasiten verhindert und der Zustrom von Nährstoffen zur Infektionsstelle unterbrochen. Die neuen meristematischen Gewebe bilden Zentren für den Zufluß von Nährstoffen und die Aufnahme von Infiltraten aus den abgestorbenen und absterbenden Gewebeteilen. Zerfalls- und Oxydationsprodukte verändern offensichtlich die Permeabilität lebender Zellen (BLOCH, 1941). Dadurch können die Existenzbedingungen des Parasiten noch weiter verschlechtert werden. Schließlich trocknet der durch das Wundgewebe isolierte infizierte Gewebeabschnitt aus.

Die Nekrose und die von ihr eingeleiteten Wachstumsvorgänge dienen also als Schutzreaktionen.

Diese Vorstellungen werden durch Laborversuche und Feldbeobachtungen gestützt.

Anders sind die Verhältnisse bei Infektionen mit obligaten Parasiten, für deren Entwicklung der lebende Organismus notwendig ist. Bei anfälligen Pflanzen stirbt die infizierte Zelle nicht ab, häufig wird ihr Stoffwechsel sogar beschleunigt. Man gewinnt den Eindruck, daß Parasit und infizierte Zellen harmonisch zusammenleben. In resistenten Pflanzen sterben die infizierten Zellen ab, dann auch der Parasit. Indem die Pflanze einige Zellen opfert, befreit sie sich von der Krankheit. Eine solche aktive Zellreaktion ist eine Schutzreaktion und wird als Schutznekrose bezeichnet.

Den Schutznekrosen als Resistenzmerkmale sind zahlreiche histologische Untersuchungen gewidmet worden, deren Schlußfolgerungen häufig in Handbüchern der Phytopathologie zitiert werden (WAWILOW, 1919; GÄUMANN, 1946). Die Entwicklung von Schutznekrosen bei von *Phytophthora* infizierten Kartoffeln untersuchten MÜLLER und Mitarbeiter (MÜLLER, MEYER und KLINKOWSKI, 1939; MÜLLER, 1941). Danach werden infizierte Gewebe zunächst aktiviert, was sich in einer erhöhten Stärkespaltung äußert. Dann sterben sie allmählich ab. Dabei treten Veränderungen der Plasmastruktur und des Zelleninhalts auf.

Bei resistenten Pflanzen sterben die Zellen sehr schnell, und der Pilz, der sich auf dem lebenden Gewebe noch nicht entwickeln konnte, erhält in der toten Zelle erneut einen ungünstigen Nährboden. Bei anfälligen Pflanzen dagegen wächst der Pilz schneller, als die Zellen absterben. Der Pilz entwickelt sich normal und fruktifiziert. Bei niedrigen Temperaturen bleibt das Wachstum von *Phytophthora* erheblich hinter dem Fortschreiten der Nekrose zurück. Unter diesen Bedingungen erscheinen anfällige wie resistente Pflanzen in gleicher Weise widerstandsfähig.

Nicht bei allen Pflanzen werden Schutznekrosen äußerlich sichtbar, wie z. B. bei der Kartoffel, wo sie sich in einer deutlichen Schwärzung äußern und deshalb besonders leicht zu untersuchen sind. B. P. STROGONOW (1940) bestimmte die Entwicklung von Schutznekrosen an Knollen unterschiedlicher *Phytophthora*-Resistenz durch Messung der abgestorbenen und geschwärzten Oberflächen künstlich infizierter Knollenscheiben (Tab. 22).

Tab. 22 zeigt den Zusammenhang zwischen Geschwindigkeit und Ausmaß des Absterbens des Gewebes und der *Phytophthora*-Resistenz. Das Absterben hängt vom Allgemeinzustand der Pflanze ab.

Tabelle 22. Schutznekrose bei verschiedenen Kartoffelsorten (nach B. P. STROGONOW)

Kartoffelsorte	Nekrose einen Tag nach Infektion	Nekrose zwei Tage nach Infektion (Fläche in mm²)	Entwicklung von *Phytophthora* sieben Tage nach Infektion
Rannjaja Rosa	fehlt	19,8	erheblich
Wohltmann	kaum feststellbar	54,7	schwach
Sejanez 8670	klar ausgeprägt	82,5	keine Entwicklung

SUCHORUKOW und KLING (1945) haben festgestellt, daß Kupfersulfat auf die Entwicklung der Kartoffel im Feld günstig wirkt. Daneben trat eine merkliche Erhöhung der Resistenz gegen *Phytophthora* auf. Blätter der Sorte Berlichingen von einer Feldparzelle wurden mit einer Sporenaufschwemmung eines hochvirulenten *Phytophthora*-Stammes infiziert. Die Bonitierung der Infektionen nach vier Tagen ergab folgendes Bild (Tab. 23):

Tabelle 23. Einfluß von Kupfer auf die *Phythophthora*-Resistenz der Kartoffel

Pflanze	geschwärzte Blattfläche in Prozenten der ganzen Blattfläche	Art der Schwärzung	Entwicklung von *Phytophthora*
Kupferbehandlung	30	scharf begrenzte Gebiete	schwaches Wachstum schwache Konidienbildung
Kontrolle	100	Schwärzung des ganzen Blattes	Gutes Wachstum und normale Konidienbildung

Die Angaben in Tab. 23 zeigen die positive Wirkung von Kupfer auf die *Phytophthora*-Resistenz der Kartoffel. In den Versuchspflanzen war die Peroxydaseaktivität der Blätter erhöht (18,1 Einheiten bei behandelten Pflanzen gegenüber 12,2 Einheiten bei den Kontrollen). Auch A. I. GRETSCHUSCHNIKOW (1939) beobachtete höhere Peroxydaseaktivität an gegen *Phytophthora* resistenten Wild- und Kulturformen der Kartoffel. Bekanntlich enthält Polyphenoloxydase, ein wichtiges Atmungsferment, Kupfer. Gleiche Resultate erhielt N. S. ARCHANGELSKAJA (1949).

Die bei Infektionen mit anderen obligaten Parasiten auftretenden Nekrosen sind physiologisch noch wenig untersucht. Sie werden jedoch ebenfalls als Schutzreaktion und Resistenzmerkmal aufgefaßt.

Warum die Zellen nach dem Eindringen der Parasiten schnell absterben, ist noch ungeklärt. Unsere Vorstellungen zu diesem Problem haben wir bereits kurz erläutert und kommen hier nochmals darauf zurück.

Ich nehme folgendes an: Der in die Zelle eingedrungene Erreger ruft in der lebenden Substanz Veränderungen hervor, die anfangs zwar unbedeutend sind aber den Sauerstoff teilweise oder ganz aus dem Stoffwechsel ausschließen. Der aus dem Atmungsprozeß ausgeschlossene, aktivierte Sauerstoff nimmt an einfachen, nicht koordinierten Oxydationen von Zellsubstanzen teil unter anderen auch von Zelleiweißen.

A. N. SUTULOW (1949) wies im Eiweiß der Kartoffelknolle Sulfhydryl- und Disulfidgruppen nach. In der intakten Knolle werden bei tiefen Temperaturen die Sulfhydrylgruppen enzymatisch zu Disulfidgruppen oxydiert; besonders leicht erfolgt diese Reaktion, wenn die Knollen zerrieben werden.

Die Infektion durch obligate und spezialisierte Parasiten steigert meist die Atmung. ALLEN und GODDART (zit. nach KOKIN, 1948) bestimmten die Atmung mehltaubefallener Weizenblätter der Sorte Marquis mit folgendem Ergebnis:

	Sauerstoffaufnahme ml O_2/cm^2 Blattfläche/h
Gesunde Blätter	1,70
Infizierte Blätter	7,92
Infizierte Blätter, von denen der Mehltau entfernt wurde	6,40

Auch W. F. KUPREWITSCH (1947), der die CO_2-Ausscheidung bestimmte, konnte bei Mehltaubefall verstärkte Atmung feststellen. Bei von *Microsphaera alphtoides* befallenen Eichenblättern war sie um 68% höher als bei gesunden Blättern. Die größte Atmungsintensität wurde bei mittleren Befallsstärken beobachtet. Die Temperatur hat großen Einfluß auf die Kohlendioxydausscheidung; bei hohen Temperaturen (+30 bis 32°C) sind die Unterschiede in der Atmungsintensität besonders stark.

Durch Plasmaschäden wird die Atmung erheblich verändert. Vielleicht stammt ein Teil der abgegebenen Kohlensäure aus anaeroben Reaktionen, da sich das Plasma durch den Sauerstoffverbrauch anderer Oxydationen im Sauerstoffhunger befindet. A. N. SUTULOW stellte in Pflanzen, die niedrigen Temperaturen ausgesetzt waren und in Nadeln und Zweigen von Bäumen, die in Tomsk überwinterten, Alkohol und in beträchtlichen Mengen Schwefelwasserstoff fest. Das spricht für anaerobe Prozesse im Plasma. WOLF (1939) setzte Blätter sukkulenter Pflanzen niedrigen Temperaturen (+7, +8°) aus und beobachtete ein starkes Sinken des Atmungskoeffizienten. Er bringt das mit der Bildung organischer Säuren in Verbindung und entwickelt daraus eine Hypothese über den Tod tropischer Pflanzen bei relativ niedrigen Temperaturen. Danach wird bei niedrigen Temperaturen die Säurebildung verstärkt. Diese Hypothese verdient Aufmerksamkeit; doch kann man kaum annehmen, daß der Stoffwechsel aller Pflanzen gleichsinnig verändert werde und daß immer verstärkte Säurebildung zum Tod der Pflanze führe.

Wir betrachten jetzt den Einfluß toter Zellen eines Gewebes auf lebende.

Nach KÜSTER (1925) beeinflussen tote Zellen die lebenden mechanisch und chemisch. Der mechanische Einfluß besteht im Verlust des Turgors der toten Zellen. Die benachbarten lebenden Zellen können sich vergrößern und pressen die Zellen zusammen. Der chemische Einfluß geht von Stoffen aus, die entweder durch den Permeabilitätsverlust der abgestorbenen Zelle frei werden oder in postletalen Reaktionen entstehen. PALLADIN (1913) zeigte, daß mit dem Zelltod nicht alle Reaktionen aufhören, sondern daß gewisse Fermentreaktionen weitergehen. Er schlug vor, die Zellen in diesem Zustand als „abgetötet" zu bezeichnen. Einfrieren, Narcotica in hohen Dosen, Gefriertrocknung und einige andere Einwirkungen töten die Zellen, aber zerstören ihre Fermente nicht. In anderen Fällen, z. B. beim Absterben der Zellen durch hohe Temperaturen, werden die Fermente zerstört; in diesem Falle sollen die Zellen nach W. I. PALLADIN als „tot" bezeichnet werden.

In abgetöteten Zellen verlaufen unkoordinierte Fermentreaktionen, die Reaktionsprodukte werden nicht den Anforderungen der lebenden Zellen gemäß gebildet. Das lebende Protoplasma koordiniert die Fermenttätigkeit, reguliert ihre Aktivität mit Hilfe von Kinasen und Antifermenten, schützt die Fermente vor ungünstigen Einwirkungen (z. B. vor der Wirkung von Fermentgiften) und erzeugt neue Fermente.

Nach Ansicht PALLADINS und seiner Mitarbeiter (1912) werden proteolytische Fermente außerhalb der lebenden Zelle durch Oxydationsmittel, wie Wasserstoffsuperoxyd, unterdrückt. Auch Diphenole in Gegenwart von Peroxydase hemmen, wobei ihre Hemmwirkung von ihrer Oxydierbarkeit durch Peroxydase abhängt. Der Standpunkt W. I. PALLADINS über die Wechselwirkung zwischen Aktivität der Proteasen und Höhe des Redoxpotentials wurde von anderen Autoren bestätigt.

In toten oder „abgetöteten" Zellen zerfallen zusammengesetzte Verbindungen, darunter auch Plasmaeiweiß, wobei gebundene Fermente, wie z. B. Peroxydase, frei werden (PALLADIN und MANSKAJA, 1921). Außerdem laufen fermentative Oxydationen und Autoxydationen ab, durch die aus einigen Verbindungen Melanine entstehen. Aus Diphenolen (ortho- und para-Phenolen) entstehen dabei Chinone, die selbst wieder oxydieren können und bestimmte, für den allgemeinen Stoffwechsel wichtige Verbindungen zu binden vermögen. Reagiert z.B. Chinon mit Verbindungen, die Sulfhydrylgruppen besitzen, so wird es reduziert und bindet die Sulfhydrylgruppen nach folgender Reaktion:

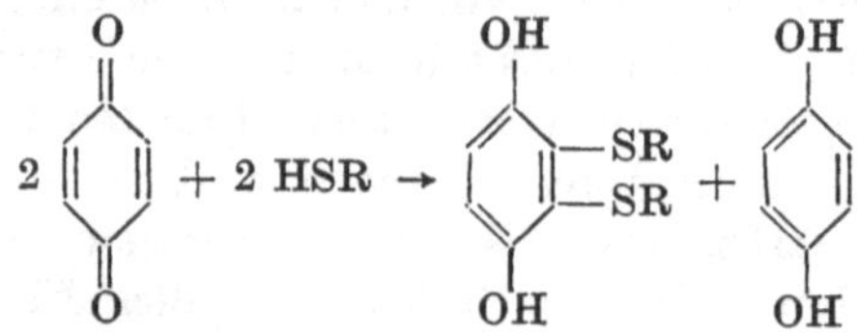

Wir kehren nun zur Betrachtung des sehr komplexen chemischen Einflusses toter Zellen auf lebende zurück.

Die beim postletalen Abbau der Zellsubstanz entstehenden niedermolekularen Verbindungen werden von den lebenden Zellen aufgenommen und verwertet. Diese erfahren dadurch eine Förderung. Das ist die Grundlage der Hypothese über die Entstehung von Wund- oder Nekrohormonen in abgetöteten Zellen.

Die Bildung von Stoffen, die Reduktionsprozesse aktivieren, in verletzten Geweben hat zuerst Wiesner (1892) vermutet. Den experimentellen Beweis hat Haberlandt (1921) erbracht. Er untersuchte Schnitte von Kartoffelknollen und Kohlrabi, Blätter verschiedener Crassulaceen und Epidermis-Haare von *Coleus* und *Pelargonium*. Bei Pflanzen, deren Wunden laufend gewaschen wurden, bildete sich nur wenig Wundgewebe (Callus). Das Auftragen von zerriebenem Gewebe führte zu vermehrten Zellteilungen. Verwundung der Spitzen von Epidermishaaren regte die basalen Zellen zu Teilungen an; sogar die Schließzellen von Spaltöffnungen wurden dazu angeregt. Haberlandt glaubt, daß in all diesen Fällen aus den abgetöteten Zellen Stoffe diffundieren, die er Wundhormone nannte. Thyllenbildung in den Gefäßen als Folge der Teilung von Zellen des Holzparenchyms, normale Entwicklung der Eizelle und parthenogenetische Erscheinungen, Befruchtung der Eizelle u. a. sollen unter dem Einfluß von Wundhormonen verlaufen. Sogar aus anderen Pflanzen hergestellter Brei förderte die Heilung von Wunden. Manchmal war der Gewebebrei allerdings auch giftig und erzeugte Nekrosen, die dann ihrerseits die Zellneubildung anregten. Die Wunde vernarbte schneller, wenn sie sich in der Nähe des Leptoms befand, aus dem den Wundhormonen ähnliche Stoffe diffundierten. Die Untersuchungen von Wundhormonen bei Tieren könnte nach Haberlandt wichtige Erkenntnisse für die klinische Medizin ergeben.

Reiche (1924) brachte bei seinen Untersuchungen der Wundhormone wäßrige Extrakte aus frischen zerriebenen Geweben in die Interzellularen des Stengels oder Blattstiels verschiedener Pflanzen ein (*Nymphea*, *Solanum*, *Begonia* u. a.). Sorgfältig filtrierte Extrakte riefen keine Wachstumsprozesse und Zellteilungen hervor. Positive Resultate wurden nur erzielt, wenn die Extrakte Gewebeteilchen suspendiert enthielten. Wurden die Gewebe, aus denen Hormonpräparate gewonnen werden sollten, vorher durch hohe Temperatur (80° C) abgetötet, sank ihre Aktivität beträchtlich. Mit Alkohol, Äther, Toluol, verdünnter Salzsäure und Ätzkali konnten aus den Geweben keine Wundhormone extrahiert werden. Gelatine-Lösung hatte keinen Einfluß auf die Teilungstätigkeit.

Die Schlußfolgerungen Reiches hat Wehnelt (1927) kritisiert und experimentell nachgeprüft. Er benutzte als lebenden Indikator Bohnen-Perikarp und als Quelle der Wundhormone junge Blätter dieser Pflanze. Bohnen-Perikarp reagierte empfindlich auf Wundhormone und gestattete ihm sogar, die relativen Konzentrationen des Hormons festzustellen.

Dazu wurden unreife Bohnenhülsen vorsichtig geöffnet, die Samen entfernt und in das Samenbett ein Tropfen Hormonlösung gebracht. Nach einiger Zeit begann das Parenchym des Perikarps zu wuchern und einen Auswuchs in Form einer kleinen Erhebung zu bilden, deren Höhe vom Hormongehalt abhing. Diese Methode fand weite Verbreitung.

Wehnelt zeigte, daß das Wundhormon gut wasserlöslich ist, Ultrafilter passiert, sich in 70 bis 97% Alkohol löst, gegenüber Erwärmung auf 128° C (bei p_H etwa 3) unempfindlich ist, aber im Autoklaven bei 1,5 Atm und schwach basischer Reaktion (p_H 8,2) teilweise zerstört wird. Eialbumin, Pferdeserum, Insulin und Rohrzucker (6%) stimulierten Neubildungen ähnlich wie Extrakte aus pflanzlichen Geweben. Rohrzucker verursachte Nekrosen, die ihrerseits Zellteilungen in den Nachbargeweben bewirkten.

Kochsalzlösung und Knoopsche Nährlösung waren inaktiv.

Bonner und English (1938) isolierten aus dem Perikarp der Bohne eine Substanz, die in geringen Konzentrationen (1:100000) eine kräftige Reaktion nach der Methode Wehnelt ergab. Sie nannten diesen Stoff Traumatin.

Traumatin ist eine gegen Erhitzung auf 100° C ziemlich widerstandsfähige organische Säure, die sich mit Alkohol leicht, mit Wasser schwerer extrahieren läßt. Der Monomethyl-Ester des Traumatins entspricht der Formel $C_{12}H_{22}O_4$. Traumatin ist nicht identisch mit Indolylessigsäure, Vitamin B_1, Tyrosin, β-Alanin und anderen physiologisch aktiven Substanzen. Da bisher nur sehr wenige biologische Versuche mit Traumatin durchgeführt wurden, kann man sich noch kein bestimmtes Bild über die Wirkungsweise dieses Stoffes machen.

Orsos (1936) untersuchte Nekrohormon und wandte dabei eine originelle Methode an. Lebende Schnitte von Kohlrabi legte er auf kleine Agar-Platten, die mit Produkten der Pepsin-Spaltung von Pepton, Hühnereiweiß, Fibrin, Kohlrabi-Eiweiß und Tyrosin versetzt waren.

In den Schnitten wurde die Geschwindigkeit der Bildung neuer Zellen ermittelt und mikrochemisch Amylase bestimmt. Dabei zeigte sich, daß alle Eiweißabbau-Produkte die Zellteilung stimulieren. Besonders aktiv war Tyrosin. Im Bastteil fand Orsos besonders viel Aminosäuren. Er schließt hieraus, die Wund- oder Nekrohormone seien Produkte des Eiweißabbaues; möglicherweise sei ihr aktiver Faktor Tyrosin.

Aus diesem kurzen Überblick kann man auf die Natur und Wirkung der Wundhormone schließen. Die Vorstellungen über die Bildung spezifischer Hormone in abgetöteten Zellen sind experimentell nicht bewiesen. Berechtigter ist die Annahme, daß Zellwachstum und -teilung von Substanzen aus abgetöteten Nachbarzellen hervorgerufen werden, also eine Folge der durch verbesserte Ernährung gesteigerten Lebenstätigkeit dieser Zellen sind.

Offensichtlich können auch in tierischen Geweben Zerfallsprodukte getöteter Zellen Wachstum und Vermehrung stimulieren. O. B. Lepeschinskaja (1950) schreibt bei Erörterung der Rolle der lebenden Materie bei der Wundheilung: „Dieser Umstand führt mich zu dem Gedanken über die bedeutende Rolle der Zellzerfallsprodukte als Nährmedium, das Wachstum und Vermehrung der Zellen stimuliert und wahrscheinlich sogar als Material, als Lebensstoff, an der Bildung neuer Zellen teilnimmt" (S. 166).

Als Folge der bereits besprochenen postumen Oxydationen können Zellgifte vom Typ der Chinone entstehen. Solche Stoffe diffundieren auch in den allgemeinen Saftstrom und häufen sich in den lebenden Zellen der Umgebung an. Beim Eiweißabbau toter Zellen werden an das Eiweiß gebundene physiologisch aktive Stoffe frei. Ein Teil dieser Stoffe wird von benachbarten Zellen festgehalten, ein anderer Teil diffundiert weiter. Die Zellen, die an die abgetöteten grenzen, wirken folglich als „lebende Filter". Das macht verständlich, warum sich manchmal fortschreitende Nekrosen entwickeln. Sie können offensichtlich in pflanzlichen wie auch tierischen Geweben auftreten; bei den ersten wird ihre Entstehung mit einer „Überreizung" der Zellen durch zu starken Eintritt des Wundhormons erklärt (Brieger, 1924).

Fortschreitende Nekrosen sind also das Ergebnis von Vergiftungen mit Stoffen aus den abgetöteten Zellen. Man darf dabei die Wirkung physiologisch aktiver Stoffe vom Bios-Typ nicht außer acht lassen. In hohen Konzentrationen schädigen diese das Plasma. So können Nekrosen die Entwicklung einer Krankheit unterschiedlich beeinflussen.

Es ergeben sich also auch hier die bereits geschilderten Folgerungen: Schnelle Nekrotisierung beendet den Befall durch obligate Parasiten, da zugleich mit den Zellen auch der Erreger stirbt. Die Nekrosen sind Schutzreaktionen.

Die Entwicklung fakultativer Parasiten dagegen wird von Nekrosen begünstigt. Die Parasiten töten die Zellen mit giftigen Ausscheidungen. Der tote Zelleib wird abgebaut und dient der Ernährung des Parasiten. So verlaufen die Vorgänge in den Geweben geschwächter Pflanzen, die leicht von fakultativen Parasiten befallen werden. Unter anderen Verhältnissen können die Nekrosen Wachstumsprozesse in den infizierten oder angrenzenden Geweben hervorrufen. Wachstum und Ausbreitung des Parasiten begrenzen und lokalisieren dadurch die Krankheit.

VI. Stoffwechselbesonderheiten von Pflanzen und Parasiten und Krankheitsresistenz

A. Stoffwechselbesonderheiten der Parasiten

Wie bereits dargelegt, führen starke Stoffwechselstörungen schließlich zum Tod der Zelle.

Zusammen mit der infizierten Zelle stirbt auch der eingedrungene obligate Parasit.

Die Nekrose ist aber nicht die einzige Schutzreaktion der Pflanze gegen die Krankheit. Kann der Parasit in den befallenen Zellen seinen Bedarf an Nährstoffen nicht oder nur ungenügend decken, so wird seine Entwicklung verlangsamt, bis er schließlich zugrunde geht. Das ist jedenfalls die Lehrbuchmeinung, die — zwar grundsätzlich richtig — doch keinen Weg zur Lösung wichtiger Probleme zeigt.

Um die Ansprüche des Parasiten an den Wirt zu klären, muß man seinen Stoffwechsel wie auch den des Wirtes kennenlernen. Während letzteres durchaus möglich ist, stößt die Untersuchung der Physiologie des Parasiten jedoch auf erhebliche Schwierigkeiten. Den Stoffwechsel obligater Parasiten beurteilen wir entweder nach indirekten Beweisen oder nach Erkenntnissen über einzelne Entwicklungsphasen (z. B. Sporenkeimung bei Pilzen). Unser ganzes Wissen, selbst bei den am besten untersuchten pathogenen Pilzen, besteht aus ziemlich allgemeinen Vorstellungen über ihre Physiologie. Zweifellos erhält der Parasit von der infizierten Pflanze alle Grund- und Zusatznährstoffe[1]. Gewisse Stoffwechselprodukte des Parasiten werden in die Pflanzenzelle ausgeschieden und können sie stärker oder schwächer beeinflussen. Die Toxizität der Ausscheidungen obligater Parasiten ist im Vergleich mit denen fakultativer Parasiten gering. Man darf auch annehmen, daß obligate Parasiten gar keine oder nur unerhebliche Mengen von Fermenten abgeben. Hierin unterscheiden sie sich von den fakultativen Parasiten und besonders von den typischen Saprophyten.

Natürlich hat jede Parasitenart ihre eigenen physiologischen Besonderheiten, durch die sie auf die Wirtspflanze wirkt.

Als Beispiele für die Wechselverhältnisse zwischen Parasit und Wirtspflanze betrachten wir die Beziehungen zwischen Rostpilzen und den Kulturpflanzen, auf denen sie sich entwickeln, und die Beziehungen zwischen *Synchytrium endobioticum* und der Kartoffel.

[1] Der Bedarf an Zusatznährstoffen ist noch ganz unerforscht.

B. Rostresistenz

Das Vorkommen toxischer Stoffwechselprodukte bei Rostpilzen wurde von A. A. Richter und A. I. Gretschuschnikow (1929) für *Puccinia helianthi*, welche die Sonnenblume befällt, nachgewiesen. Sie prüften mit der Spaltöffnungsreaktion, einem biologischen Verfahren, die Giftwirkung von Preßsäften aus infizierten Sonnenblumen.

Epidermisschnitte der Oberseite junger, gesunder Kotyledonen wurden in Preßsäften verschiedener Konzentration im Dunkelthermostaten 5 h bei 40° inkubiert (Kontrolle: Präparate in Preßsäften gesunder Gewebe). Dann wurden die geöffneten und geschlossenen Spaltöffnungen ausgezählt. Das Verhältnis von offenen zu geschlossenen Stomata läßt Rückschlüsse auf die Anwesenheit von Giften zu.

Die Untersuchungen ergaben, daß in infizierten Blättern ein thermostabiler, giftiger Stoff enthalten sein muß, der in schwachen Konzentrationen das Öffnen der Stomata stimuliert, bei hohen Konzentrationen aber ihr Absterben bedingt. Es handelt sich dabei um Ammoniak und Harnstoff.

O. K. Elpidina (1935) hatte in Kulturfiltraten von *Fusarium* erhebliche Mengen Ammoniak festgestellt. Ausgehend von diesen Untersuchungen analysierte Gretschuschnikow (1936a) Blätter verschiedener Rostwirte auf ihren Gehalt an Ammoniak und Harnstoff. Er wies in rostinfizierten Blättern erhöhten Gehalt an den Verbindungen nach.

Nach Infiltration von Ammoniumsalzen und Harnstoff wurden Atmung, Photosynthese und Leitfähigkeit des Plasmas in gleicher Weise verändert wie bei Rostinfektion. A. I. Gretschuschnikow folgert daraus, daß die giftigen Ausscheidungen der Rostpilze Ammoniak und Harnstoff enthalten. K. E. Owtscharow (1937) fand in rostinfizierten Blättern Thioharnstoff und zeigte dessen Wirkung auf Chlorophyll. Eine alkoholische Chlorophyllösung mit Thioharnstoff war widerstandsfähiger gegen Ausbleichen als eine Lösung ohne Thioharnstoff. Bei der Einführung von Thioharnstoff in das Blut wurde Chlorophyll am Licht jedoch schneller zerstört als in der Kontrolle. Daß Thioharnstoff als aktives Antioxydans in den Ausscheidungen der Rostpilze enthalten ist, kann insofern Bedeutung haben, als diese Verbindung in Oxydationsreaktionen der infizierten Pflanze eingreift.

Suchorukow und Owtscharow (1940) wiesen in Blättern rostresistenter Pflanzen erhöhten Ammoniakgehalt nach. Die Blätter anfälliger Pflanzen wurden nach Infiltration von Ammoniumsalzen und Harnstoff rostresistent. Der Parasit erfährt also durch die Endprodukte seines Stickstoffhaushalts eine Hemmung. Da der Wirt aber Ammoniumsalze und Harnstoff verbraucht, beeinflußt das Verhältnis zwischen Geschwindigkeit der Ausscheidung dieser Stoffe durch den Parasiten und des Verbrauchs durch den Wirt die wechselseitigen Beziehungen maßgeblich.

Nach D. N. Prjanischnikow (1916) verläuft der Stickstoffhaushalt bei höheren und niederen Pflanzen ähnlich; bei beiden ist Ammoniak Anfangs- und Endglied in der komplizierten Kette der Stoffumwandlungen. Ein Ammoniakvorrat ist immer vorhanden (Ruhland und Wetzel, 1926). Er ändert sich gemäß dem Entwicklungszustand und den Lebensbedingungen der Pflanze. Die Bildung von Ammoniak durch saprophytische Pilze hat W. S. Butkewitsch (1916) untersucht. Er fand, daß die Fähigkeit verschiedener Pilze, Eiweiß bis zum Ammoniak abzubauen, verschieden ist und mit ihrer Fähigkeit zur Säurebildung in Verbindung steht. N. Janowa (1935) und N. Perwuchina (1938) untersuchten die Anhäufung von Aminosäuren (Aminostickstoff) bei verschiedenen Fusarien, die Weizen befallen. Sie unterschieden phytopathologisch folgende Kategorien von Fusarien: aktive Parasiten, Parasiten und Halbparasiten. Die Halbparasiten spalteten Pepton am intensivsten, wobei sich Aminostickstoff anreicherte.

Je höher der Grad des Parasitismus bei *Fusarium* ist, um so geringer ist die proteolytische Aktivität. Leider gibt es ähnliche vergleichende Untersuchungen über andere Gruppen parasitärer Organismen noch nicht.

Das waren die Voraussetzungen bei Beginn unserer Versuche, die Resistenz von Winterroggen gegen *Puccinia persistens*, *Puccinia triticina* und *P. graminis* (Suchorukow und Smirnowa, 1945) zu erhöhen. Sie wurden im Gewächshaus der Station für Pflanzenschutz in Tomsk durchgeführt. Wir arbeiteten mit Winterweizen (*Triticum vulgare* v. Lutescens 329) und Winterroggen (*Secale cereale*, Sorte Wjatka). Die Pflanzen wurden in Erde unter optimalen Feuchtigkeitsbedingungen aufgezogen und im Stadium der Bestockung untersucht. Die Infektion erfolgte mit Uredosporen. Weizen wurde mit *P. triticina* Eriks. von Winterweizen und *P. persistens* Plow. von Quecke (*Agropyrum repens*) infiziert. Unter den örtlichen Bedingungen (Umgebung von Tomsk) geht *P. persistens* leicht von Quecke auf Weizen über. Roggen wurde mit *P. graminis* Pers. (von Quecke) infiziert. Jeder Versuch wurde mit fünf Pflanzen fünfmal wiederholt. Als Stickstoffquelle dienten Ammoniumphosphat und Harnstoff. Die Versuchspflanzen wurden abends mit Lösungen (0,5, 1 und 3%) dieser Stoffe besprüht. Nach zehn bis zwölf Stunden wurden die Pflanzen mit einer Sporenaufschwemmung besprüht. Die Inkubationszeit für diese Rostpilze beträgt acht bis zehn Tage. Nach 15 Tagen wurden die Pusteln auf den Blättern aller Pflanzen ausgezählt (s. Tab. 24).

Aus den Durchschnittswerten ist zu ersehen, daß Ammonium und Harnstoff in allen Fällen die Resistenz von Weizen gegen *P. persistens* merklich erhöhten. Nach der Zahl der Pusteln auf infizierten Pflanzen zu urteilen, zeigt *P. persistens* geringere Aggressivität als *P. triticina*. Bei Infektion mit *P. triticina* bewirkte Ammonium, mit Ausnahme der Konzentration von 0,5%, eine höhere Resistenz (positives Ergebnis), Harnstoff jedoch ein deutliches Absinken der Resistenz. Offensichtlich reichte der in die Pflanze eingedrungene Harnstoff nicht aus, die Entwicklung des Rostpilzes zu hemmen. Ergebnisse der Infektionsversuche an Winterroggen sind in Tab. 25 zusammengestellt.

Die Resistenz von Winterroggen gegen *P. graminis* wurde durch Ammoniak und Harnstoff beträchtlich erhöht. Eine gewisse Ausnahme bildet der Versuch vom 1. Oktober mit 1% Harnstoff. Dabei wurde die Lebensfähigkeit des Rostes vermindert, wie aus der sehr geringen Zahl der Pusteln auf den infizierten Pflanzen im Vergleich zu dem Versuch vom 19. Juli bis 4. August zu schließen ist.

Tabelle 24. Einfluß von $NH_4H_2PO_4$ und $CO(NH_2)_2$

	Winterweizen infiziert mit *P. persistens* (v. Quecke) Infektion: 19. 7., Bonitur: 4. 8.		
	Konzentration (in %)	Zahl der Pusteln je Pflanze	Befallstärke (in % der Kontrolle)
$NH_4H_2PO_4$	0,5	45	66,2
$NH_4H_2PO_4$	1	30	44,1
$NH_4H_2PO_4$	3	16	23,5
$CO(NH_2)_2$ (Harnstoff)	0,5	14	20,6
$CO(NH_2)_2$ (Harnstoff)	1	42	61,8
$CO(NH_2)_2$ (Harnstoff)	3	10	14,7
Kontrolle (Wasser)	0	68	100,0

Auch die Resistenzmerkmale wechseln offensichtlich mit Veränderungen der Licht- und Temperaturbedingungen im Gewächshaus.

Eine erhöhte Reserve an Endprodukten des Stickstoffhaushalts erhöht also die Rostresistenz der Pflanze.

Tabelle 25. Einfluß von $NH_4H_2PO_4$ und $CO(NH_2)_2$ auf den Rostbefall von Winterroggen

	Winterroggen infiziert mit *P. graminis* (von Quecke) Infektion: 19. 7., Bonitur: 4. 8.			Winterroggen infiziert mit *P. graminis* (von Quecke) Infektion: 1. 10., Bonitur: 15. 10.		
	Konzentration (in %)	Zahl der Pusteln je Pflanze	Befallstärke (in % der Kontrolle)	Konzentration (in %)	Zahl der Pusteln je Pflanze	Befallstärke (in % der Kontrolle)
$NH_4H_2PO_4$	0,5	51	43,2	1	4	57,1
$NH_4H_2PO_4$	1	33	34,7	3	4	57,1
$NH_4H_2PO_4$	3	49	51,6	0,5	3	42,9
$CO(NH_2)_2$ (Harnstoff)	0,5	72	75,9	—	—	—
$CO(NH_2)_2$ (Harnstoff)	1	54	56,8	1	10	142,9
$CO(NH_2)_2$ (Harnstoff)	3	31	32,6	3	4	57,1
Kontrolle (Wasser)	0	95	100,0	0	7	100,0

C. Krebsresistenz der Kartoffel

Die Landwirtschaft vieler Länder erleidet schwere Verluste durch den Kartoffelkrebs; er wird durch den Pilz *Synchytrium endobioticum* (SCHILB.) PERC. hervorgerufen, der zur Klasse der *Archimycetes*, der Ordnung *Myxochytridiales* und der Familie der *Synchytriaceae* gehört (nach L. L. KURSSANOW, 1940).

Die Biologie dieses Erregers ist gut bekannt, seine Physiologie jedoch noch völlig ungeklärt.

Unter natürlichen Bedingungen befällt der Krebserreger Kulturkartoffeln, andere Nachtschattengewächse nur bei künstlicher Infektion. Arbeiten zur Feststellung von Rassen des Erregers auf Grund der Infektion einiger Solanaceen-Arten sind im Gange (POTLAITSCHUK, 1951).

Die Kartoffelsorten unterscheiden sich sehr stark im Grad ihrer Resistenz (NAUMOW, 1940). Anfällige Sorten bilden nach der Infektion blumenkohlartige

auf den Rostbefall von Winterweizen

Winterweizen infiziert mit *P. persistens* (v. Quecke) Infektion: 12. 11., Bonitur: 27. 11.			Winterweizen infiziert mit *P. triticina* (v. Weizen) Infektion: 2. 8., Bonitur: 17. 8.		
Konzentration (in %)	Zahl der Pusteln je Pflanze	Befallstärke (in % der Kontrolle)	Konzentration (in %)	Zahl der Pusteln je Pflanze	Befallstärke (in % der Kontrolle)
0,5	14	43,8	0,5	196	138,0
1	14	43,8	1	127	90,0
3	25	78,1	3	105	73,2
0,5	12	37,5	1	236	166,2
1	17	53,1	3	195	137,3
3	14	43,8	—	—	—
0	32	100,0	0	142	100,0

Wucherungen, die beträchtliche Größe erreichen und 200 bis 300 g wiegen können. Es werden nur wachsende Organe befallen, am häufigsten junge Knollen und Stolonen. Wurzeln sind resistent und werden unter natürlichen Bedingungen nicht infiziert.

Im Boden befindet sich der Pilz in Form ruhender Sporangien; er kann sich dort viele Jahre halten. Unter günstigen Bedingungen keimen die Sporangien aus und entlassen Zoosporen, welche die Infektion bewirken.

Die in die Zelle eingedrungene Zoospore regt die benachbarten Zellen zu Teilung und Wachstum an. Die fächerförmig wachsenden Zellen zeigen auf Schnitten die für diese Krankheit typische „Rosettenform". Die Zoospore entwickelt sich zu dem Sommersorus mit drei bis fünf Sporangien, in denen sich wieder Zoosporen bilden. Die Zoosporen können Zygoten bilden, die sich zu ruhenden Wintersporangien entwickeln. Jedes Sporangium ist von einer festen Hülle umgeben, die es vor ungünstigen Umwelteinflüssen schützt. Bei Pflanzen mit hoher Resistenz sterben die Zellen in der Umgebung des eindringenden Pilzes ab, hemmen dadurch seine Entwicklung und machen die Erkrankung unmöglich. Die Physiologie der Schutzreaktion wurde bereits oben erörtert.

Die infizierten Gewebe haben einen intensiveren Stoffwechsel und höhere Fermentaktivitäten.

A. I. GRETSCHUSCHNIKOW (1949) hat Kartoffeln mit *S. endobioticum* infiziert und dabei interessante Ergebnisse erzielt. Organe mit Krebswucherungen und isolierte Wucherungen atmen stärker (Tab. 26).

Er fand in den Wucherungen einen erhöhten Gehalt an reduzierenden Zuckern, Aminosäuren, Fett und Bios-Stoffen. Die Aktivität von Peroxydase, Amylase und Lipase ist erhöht, die der Proteasen herabgesetzt. Der erhöhte Zuckergehalt geht mit einem geringeren Stärkegehalt und einem erhöhten Säuregrad einher (GRETSCHUSCHNIKOW und JAKOWLEWA, 1951). Der Säuregrad des Zellsaftes — in vivo mit der Indikatormethode bestimmt[1] — ist in den meisten Fällen bei anfälligen Pflanzen höher als bei resistenten. Die Zellen junger Organe weisen einen höheren Säuregrad auf als die Zellen alter Organe, die in der Regel nicht von *S. endobioti-*

[1] Ein günstiger Indikator ist in diesem Fall Bromkresolpurpur.

Tabelle 26. **Atmung von Kartoffelpflanzen bei Infektion mit *S. endobioticum*** (nach A. I. GRETSCHUSCHNIKOW)

Untersuchungsmaterial	Datum des Versuches	Kartoffelsorte	Einwaage g	Abgegebene Kohlensäure	
				mg/100 g Tr.-Gew./h	in % der Kontrolle
Knollen mit Krebswucherungen	19. Sept.	Sejanez Laikowa	331,8	41,5	295,1
Gesunde Knollen — Kontrolle	19. Sept.		218,7	14,0	100,0
Stengelwucherungen. Farbe der Wucherungen: grün und braun. Größe: 6 × 4; 8 × 4; 7 × 3 cm	20. Sept.		84,0	144,3	295,3
Gesunde Stengel (Stengelabschnitte) — Kontrolle	21. Sept.		86,0	48,9	100,0
Gesunde Knollen — Kontrolle	21. Sept.		352,4	9,1	100,0
Krebswucherungen von Knollen	21. Sept.		149,7	111,2	1215,3
Knollen, von denen die Wucherungen stammten	21. Sept.		362,7	36,6	400,0
Kranke Knollen, die an Stelle von Wucherungen Deformationen zeigen	4. Okt.	Mestnyi	175,2	63,2	325,6
Gesunde Knollen — Kontrolle	4. Okt.		325,5	19,4	100,0

cum befallen werden. Demnach aktiviert die Infektion den Stoffwechsel der Kartoffelpflanze. Diese Veränderungen begünstigen den Parasiten und aktivieren die Zellteilung der infizierten Gewebe. Die sich teilenden und wachsenden Zellen werden besonders gut mit organischen und anorganischen Stoffen und mit Wasser versorgt. Die Wucherungen sollen auch reich an Mineralstoffen, vor allem Eisen, Mangan und Kupfer, sein.

Abnormes Wachstum, Geschwülste und Wucherungen werden experimentell, gewöhnlich durch Wuchsstoffe in hohen Dosen, ausgelöst. Einige Pilze und Bakterien erzeugen Wuchsstoffe vom Typ der Indolylessigsäure, einem Derivat von Tryptophan (CHOLODNY, 1939, SUCHORUKOW und STROGONOW, 1937).

Bildet auch der Kartoffelkrebs einen derartigen Stimulator? Um diese Frage zu beantworten, extrahierten wir eine junge und eine alte Wucherung, jede mit einem Trockengewicht von 30 g, 30 Minuten mit 150 ml mit Zitronensäure angesäuertem, kochendem 96prozentigem Alkohol. Aus dem Extrakt wurde der Alkohol abgedampft, der salbenartige Rückstand mit flüssigem Agar im Verhältnis 1:10 und 1:100 gemischt und auf junge Tomatenblätter gebracht. In keinem Fall wurde Epinastie beobachtet, obwohl die Empfindlichkeit der Pflanzen gegen reine Indolylessigsäurepräparate hoch war. Qualitativ stellten wir die Anwesenheit von Indol in Auszügen aus alten Wucherungen und Spuren davon in Extrakten von jungen Wucherungen fest. Beim Auftragen des unverdünnten Rückstandes auf die Blattstiele starb nach zwölf Stunden das Gewebe unter der Paste ab, und das Blatt wurde schlapp. Die Ergebnisse führen zu dem Schluß, daß die Wucherungen keine Stimulatoren vom Typ der Auxine, sondern toxische Stoffe enthalten. Diese extrahierte A. I. GRETSCHUSCHNIKOW (1949) mit Wasser und 96prozentigem Alkohol und prüfte die Extrakte auf toxische Stoffe, indem er ihre Wirkung auf das Wachstum der Wurzeln von Tomaten- und Kartoffelkeimlingen untersuchte. Als Kontrollen dienten Extrakte gesunder Organe (Tab. 27 u. 28).

Tabelle 27. **Wirkung wäßriger Extrakte aus Knollenwucherungen auf den Zuwachs der Wurzeln von Tomatenkeimlingen**

Konzentration der Extrakte	Extrakt aus Knollenwucherungen			Extrakt aus gesunden Knollen		
	Länge der Hauptwurzel mm		Wurzelzuwachs in % der Ausgangslänge	Länge der Hauptwurzel mm		Wurzelzuwachs in % der Ausgangslänge
	vor dem Versuch	nach dem Versuch		vor dem Versuch	nach dem Versuch	
1 : 5	322	330	2,5	327	341	4,4
1 : 10	319	331	3,8	312	333	6,5
1 : 25	297	311	4,7	331	354	7,1
1 : 50	317	339	6,9	334	359	7,5

Tabelle 28. **Wirkung wäßriger Extrakte aus Knollenwucherungen auf den Zuwachs der Wurzeln von Kartoffelkeimlingen der Sorte Smyslowski**

Konzentration der Extrakte	Extrakt aus Knollenwucherungen			Extrakt aus gesunden Knollen		
	Länge der Hauptwurzel mm		Wurzelzuwachs in % der Ausgangslänge	Länge der Hauptwurzel mm		Wurzelzuwachs in % der Ausgangslänge
	vor dem Versuch	nach dem Versuch		vor dem Versuch	nach dem Versuch	
1 : 5	248	256	3,2	247	266	7,4
1 : 25	265	278	5,0	296	322	8,8
1 : 100	217	253	16,3	261	289	10,8

Die Ergebnisse beider Versuche beweisen die Anwesenheit geringer Mengen wasserlöslicher toxischer Stoffe.

Bei der Alkoholextraktion der Wucherungen wurde eine ölige Flüssigkeit erhalten. Ein Tropfen davon, auf den Schnitt einer Kartoffelknolle gebracht, tötete die darunterliegenden fünf bis sieben Zellschichten innerhalb eines Tages ab. Krebsresistente und anfällige Sorten reagierten gleich. Auf Kartoffelkeimlingen trat diese Reaktion nicht auf. A. I. Gretschuschnikow erklärt das damit, daß die toxischen Stoffe die Cuticula nicht zu durchdringen vermögen.

Zur Aufklärung der Resistenz gegen *S. endobioticum* müssen die toxischen Ausscheidungen und ihre Wirkung auf resistente und anfällige Pflanzen weiter untersucht werden. Zunächst kann man nur von der Fähigkeit des Pilzes sprechen, schwach toxisch wirkende Stoffe auszuscheiden.

Anatomische und physiologische Unterschiede resistenter und anfälliger Pflanzen wurden bis jetzt offensichtlich noch nicht gefunden. Darum suchten A. F. Kowalewa und O. N. Tolmatschewa unter unserer Anleitung solche festzustellen.

Wir ließen uns dabei von folgenden Überlegungen leiten: Unter normalen Lebensbedingungen sind die Unterschiede zwischen diesen Sorten wahrscheinlich unbedeutend und darum schwer zu erkennen, werden vermutlich aber unter ungünstigen Bedingungen deutlicher. Deshalb wendeten wir niedrige Temperaturen (drei Tage 5 bis 6° C) und Chloroform-Narkose an. Die Pflanzen befanden sich bei der Untersuchung in dem Alter, in dem sie für eine Infektion am anfälligsten sind. Es wurden der isoelektrische Punkt (IEP) der wasserlöslichen Eiweiße (Fällung mit Alkohol bei verschiedenen Säuregraden), der Gesamtgehalt an Aminosäuren (nach POPE und STEVENS) und der Zuckergehalt (nach BERTRAND) bestimmt (Tab. 29 u. 30).

Tabelle 29. Aminosäuregehalt der Keime krebsresistenter und -anfälliger Kartoffelsorten (in mg/g Tr.-Gew.)

Sorte	Normale Pflanzen	Unterkühlte Pflanzen	In % des Gehaltes normaler Pflanzen
Resistent			
Berlichingen	1,14	1,32	115,0
Kobbler	0,92	1,00	108,7
Anfällig			
Rannjaja Rosa	0,90	1,10	122,0
Lorch	0,96	1,01	105,2

Im isoelektrischen Zustand der Eiweiße kann man die Sorten nicht unterscheiden; in allen Fällen lag der IEP bei p_H 4,4. Die Aminosäuregehalte und ihre Zunahme bei niedrigen Temperaturen ließen ebensowenig klare Unterschiede erkennen.

Zu ähnlichen Ergebnissen kam schon M. A. KUDRJAWZEWA (1938) bei Eiweißuntersuchungen von *Phaseolus*-Sorten verschiedener Resistenz gegen *B. phaseoli* und vom Baumwollsorten verschiedener Resistenz gegen *Verticillium*. Sie bestimmte den Eiweißstickstoff, Cystingehalt und verschiedene Eiweißfraktionen. Obwohl sie keine erheblichen Unterschiede feststellen konnte, hält sie es bei ähnlichen Untersuchungen doch für notwendig, die Aufmerksamkeit auf die Aminosäure-Zusammensetzung der Eiweiße und ihre physiko-chemischen Eigenschaften zu richten.

Tabelle 30. Zuckergehalt von Kartoffelkeimen nach Einwirkung niedriger Temperaturen (in mg/g Tr.-Gew.)

Sorte	Normale Pflanzen			Unterkühlte Pflanzen		
	Monosaccharide	Disaccharide	Summe	Monosaccharide	Disaccharide	Summe
Resistent						
Kobbler	17,5	5,0	22,5	15,0	4,5	19,5
Berlichingen	23,2	9,0	32,2	20,2	3,0	23,2
Anfällig						
Rannjaja Rosa	20,5	11,5	32,0	24,8	8,0	32,8
Lorch	21,0	12,7	33,7	27,5	6,5	34,0

Der Gehalt an Zuckern und seine Veränderungen unter der Einwirkung niedriger Temperaturen (Tab. 30) sind bei den einzelnen Sorten verschieden. Bei resistenten Sorten geht der Gesamtzuckergehalt in gewissem Umfange zurück, bei anfälligen Sorten dagegen zeigt er eine eindeutige Erhöhung, insbesondere an Monosacchariden. In beiden Fällen verringerte sich der Gehalt an Disacchariden.

Kartoffelkeime sind stärkereich und enthalten außerdem Zucker. Das Verhältnis zwischen Zucker und Stärke wird durch den Stoffwechsel bestimmt, wobei den Fermenten der Stärkespaltung und -synthese große Bedeutung zukommt. Normalerweise verlaufen die Fermentreaktionen koordiniert. Unter ungünstigen Bedingungen wird diese Koordination gestört. Gewisse Reaktionen werden so stark aktiviert, daß sie schließlich den Stoffwechsel der Zelle beherrschen. Krebsanfällige Pflanzen neigen stärker zu derartigen Stoffwechselstörungen als krebsfeste (Tab. 30).

Bei Chloroform-Narkose eintretende Veränderungen des Kohlenhydratgehalts verlaufen bei resistenten und anfälligen Sorten ebenfalls verschieden (Tab. 31).

In beiden Fällen wird der Gesamtzuckergehalt gesenkt. Bei krebsresistenten Sorten verringerte sich der Gehalt an Mono- und Disacchariden. Die anfälligen Sorten dagegen ließen eine starke Zunahme der Monosaccharide erkennen,

Tabelle 31. Zuckergehalt in Kartoffelkeimen nach Chloroform-Narkose (in mg/g Tr.-Gew.)

Sorte	Normale Pflanzen			Narkotisierte Pflanzen		
	Monosaccharide	Disaccharide	Summe	Monosaccharide	Disaccharide	Summe
Resistent						
Kobbler	17,5	5,0	22,5	14,5	3,0	17,5
Berlichingen	23,2	9,0	32,2	15,0	2,5	17,5
Anfällig						
Rannjaja Rosa	20,5	11,5	32,0	26,5	0,0	26,5
Lorch	21,0	12,7	33,7	28	0,0	28,0

zeigten aber vollständige Spaltung der Disaccharide und dadurch ebenfalls eine Senkung des Gesamtzuckergehalts.

Die Überlegungen über die Änderung der Fermentreaktionen bei ungünstigen Bedingungen werden durch die Narkoseversuche bestätigt.

Wir wenden uns nun wieder der Besprechung der Krebserkrankung zu und stellen die geschilderten Tatsachen den durch den Parasiten hervorgerufenen Veränderungen in der Pflanze gegenüber. Unter dem Einfluß der toxischen Ausscheidungen des Pilzes verändert sich bei krebsanfälligen Pflanzen die chemische Zusammensetzung der Zellen beträchtlich. Die Folge ist eine schnelle Mobilisierung von Reservestoffen, die sich im Abbau höhermolekularer, unlöslicher Stoffe in einfache, leichtlösliche und diffundierende Stoffe ausdrückt. So werden für die Ernährung des Pilzes und der dem Infektionsherd benachbarten Zellen günstige Bedingungen geschaffen. Die Zellen beginnen zu wachsen, sich zu teilen und bilden die Wucherung. Am Infektionsort werden verstärkt Wasser und Nährstoffe verbraucht; die Krebswucherung entwickelt sich auf Kosten der anderen Gewebe, deren Entwicklung zurückbleibt.

Anders ist der Verlauf bei resistenten Pflanzen. Hier bleiben die toxischen Ausscheidungen des Pilzes ohne Wirkung auf die chemische Zusammensetzung der Zellen. Der in die Zelle eindringende Parasit stirbt, da ihm die notwendigen Lebensbedingungen fehlen.

Das alles läßt vermuten, daß das Plasma krebsfester und -anfälliger Pflanzen auf die toxischen Ausscheidungen von *S. endobioticum* unterschiedlich reagiert. Die mehr oder weniger klar zutage tretende unterschiedliche Reaktion resistenter und anfälliger Pflanzen auf niedrige Temperaturen und auf Narkose richtet sich also danach, wie schnell die mit den primären Umwandlungen der Kohlenhydrate verbundenen Fermentreaktionen aus der Koordination der Stoffwechselvorgänge ausscheiden.

Steinberg (1950, 1951) prüfte die Reaktionen krebsfester und -anfälliger Pflanzen auf chemische Einwirkungen. Er zeigte, daß Aminosäuren toxisch auf Tabakkeimlinge wirken (Steinberg, 1947). Die Toxizität verschiedener Aminosäuren ist dabei nicht gleich. Das Wachstum von Pflanzen, die gegen *Thielaviopsis basicola* resistent bzw. anfällig sind, wurde durch Aminosäuren verschieden beeinflußt.

Offensichtlich können geringfügige physiologische Unterschiede bereits Resistenz-Unterschiede hervorrufen. Zweifellos reagiert der parasitische Organismus besonders empfindlich auf solche feinen Unterschiede.

VII. Für den Parasiten notwendige Zusatznährstoffe

A. Die grüne Pflanze als Quelle der Grund- und Zusatznährstoffe

Die Parasiten benötigen organische Stoffe, die sie von der lebenden Wirtspflanze erhalten. Auch saprophytische Organismen sind nicht fähig, Kohlenhydrate aufzubauen, sie ernähren sich von organischen Verbindungen, die sie totem organischen Material entnehmen. In beiden Fällen spricht man von Heterotrophie. Die heterotrophen Organismen, also auch die Parasiten, sind von der höheren Pflanze vollkommen abhängig, die für sie die Quelle organischer Stoffe ist.

Man kann heterotrophe Organismen auf organisch-mineralischen oder synthetischen Nährmedien kultivieren. Als organischen Nährstoff verwendet man Zucker oder Verbindungen, die für den zu kultivierenden Organismus zugänglich aber nicht giftig sind und den Besonderheiten seines Stoffwechsels entsprechen. Rezepte für Nährmedien werden in den Übungen der Mikrobiologie und Mykologie angeführt.[1]

Jedoch nicht alle Heterotrophen wachsen auf synthetischen Medien normal, sondern benötigen Zusätze aus biologischen Substraten (Säfte, Dekokte, Pflanzenteile). Schon seit langem nahm man an, daß diesen Organismen auf synthetischen Medien bestimmte wichtige Stoffe fehlen. Die Suche nach diesen Stoffen brachten für Theorie und Praxis viel Neues. Wir schildern kurz die Geschichte dieses Problems und seinen gegenwärtigen Stand.

B. Geschichtlicher Überblick über die Erforschung der Zusatznährstoffe

Die von Pasteur ausgearbeitete Kulturmethode für Hefepilze auf synthetischem Medium lehnte Liebig ab, da er annahm, daß für Hefen Stickstoff nur als Eiweiß, nicht aber — wie Pasteur empfahl — in Form von Ammoniumsalzen zugänglich sei. Tatsächlich verliefen Hefevermehrung und Gärungsprozesse auf natürlichen Medien — Bierwürze und Pflanzensäften — schneller als auf den Pasteur-Medien mit mineralischem Stickstoff. Wildier (1901) stellte fest, daß ein besonderer Stoff vorhanden sein mußte, damit Bierhefe auf mineralischen Zuckermedien wuchs. Den Stoff fand er in der Hefe selbst, aus der er ihn extrahierte. Nach Zusatz von Hefebrühe wuchsen die Hefen bedeutend besser. Dieser Stoff war löslich in Wasser und verdünntem Alkohol, dialysierbar und thermostabil. Er nannte ihn Bios. Einige Jahre lang wurde Wildiers Bios lebhaft diskutiert und viel untersucht. Anscheinend wurden keinem anderen Stoff soviel Arbeiten von Mikrobiologen, Physiologen und Biochemikern gewidmet.

[1] Als ausgezeichnetes Handbuch in russischer Sprache ist „Methoden der mykologischen und phytopathologischen Untersuchung“ von N. A. Naumow (1937) zu nennen.

Zunächst wurde die Existenz des Bios nachgeprüft, die vielen Forschern unwahrscheinlich erschien.

So versuchte CHRZASZCZ (1904) das langsame Wachsen der Hefen auf Zucker-Mineral-Nährböden mit schädlichen Verunreinigungen des Substrats zu erklären und stellte Nährböden aus besonders gereinigten Salzen her. Seine Arbeiten schienen erfolgreich zu sein, da die Hefen auf Zucker-Asparagin-Nährböden normal wuchsen.

BOKORNY (1906) kam bei Arbeiten über die oligo-dynamische Wirkung von Kupfer und Silber auf Mikroorganismen zu der Ansicht, daß jede Lösung, besonders die im Laboratorium hergestellten, Spuren giftiger Metallionen enthalte (Blei, Kupfer). Organische Verbindungen, besonders Eiweiß und Peptone, sollen diese Giftwirkung aufheben. So wird also nach BOKORNY der biologische Effekt der Bios-Präparate nicht durch Einführung neuer Stoffe in den Nährboden hervorgerufen, sondern durch Beseitigung seiner Giftstoffe. PRINGSHEIM (1906) hält die Existenz eines besonderen „Lebenselixiers", wie er Bios nennt, für unbewiesen und erklärt die günstige Wirkung „natürlicher" Säfte und Dekokte auf das Wachstum der Hefen damit, daß sich die Pilze allmählich an die für sie neue Stickstoffquelle anpassen und in der Ernährung vom organischen Stickstoff zum anorganischen übergehen. Auf natürlichem Substrat (Bierwürze, Säfte, Teig) erhalten die Hefen Stickstoff aus organischen Verbindungen und sind nach PRINGSHEIM dieser Ernährungsform angepaßt.

Aber bereits bei den ersten Bios-Untersuchungen stellte man sich auch die Aufgabe, den Wirkungsfaktor der Bios-Präparate rein darzustellen. IDE (1907) berichtet über Versuche DELWOS zur Darstellung konzentrierten Bios, des „Biosins". DELWO hatte ermittelt, daß käufliches Lecithin Bios enthält, und IDE nahm an, daß Bios ein Teil dieses Lipoids sei, obwohl Versuche das nicht bestätigten.

Die heftige Kritik an der Entdeckung WILDIERS läßt sich zum Teil damit erklären, daß die Vorstellungen über diesen neuen Stoff mit der geheimnisvollen Bezeichnung Bios und der starken physiologischen Wirkung nicht den Anschauungen über Stoffe organischer Herkunft entsprachen. Auch daß man lange Zeit für Bios eine spezifische Wirkung allein auf Hefen annahm, spielte dabei mit. Seine physiologische Wirkung war völlig ungeklärt.

Erkenntnisse über die Vitamine und ihre Bedeutung für den tierischen Organismus brachten einen Wandel in der Beurteilung des Bios-Problems. Bios wirkt auf Hefe ähnlich wie es Vitamine auf den tierischen Organismus tun. Daher versuchte man damals, WILDIERS Bios mit den Vitaminen zu identifizieren. So erhielt A. E. WOTTSCHAL (1920) aus Hefe ein Vitamin-B-Präparat und stellte dessen positive Wirkung auf die Vermehrung der Hefe und das Wachstum von *Penicillium glaucum* fest. Die Ansichten WOTTSCHALS wurden von W. LEPESCHKIN (1924) bestätigt.

Weitere Untersuchungen befaßten sich mit der Entstehung von Bios. NIELSEN (1930, 1934, 1936, 1937) und NIELSEN und HARTELIUS (1932, 1933, 1935) bewiesen, daß die Hefen Bios nicht synthetisieren, sondern der Bierwürze entnehmen. Mit dem Malz gelangt Bios in die Bierwürze. So erhalten die Hefepilze von der höheren Pflanze neben Kohlenhydraten, Stickstoffverbindungen und Mineralsalzen auch zusätzliche Nahrungsfaktoren, unter anderen den Biosstoff.

Die Frage, ob auch andere Heterotrophe von höheren Pflanzen physiologisch aktive Stoffe erhalten, versuchte J. J. Nikitinski (1904) zu beantworten. Er stellte fest, daß Schimmelpilze an Nährböden Stoffe abgeben, die das Wachstum fördern. Er bemerkte auch Unterschiede in der Fähigkeit Heterotropher, Bios zu synthetisieren. Einige, zum Beispiel Kulturhefen, können es nicht herstellen sondern erhalten es von der höheren Pflanze. Andere, zum Beispiel viele Schimmelpilze, synthetisieren Bios selbst und entwickeln sich auf natürlichen wie auch auf synthetischen Nährböden gut.

J. J. Nikitinskis Arbeiten wurden erst viel später anerkannt und durch die Untersuchungen von Nielsen (1930) und von Boysen-Jensen (1931) bestätigt. Später wurden sie zur Grundlage zahlreicher Arbeiten. Jetzt sind unsere Kenntnisse über den Bedarf vieler Heterotropher an Zusatznährstoffen schon recht gut.

In der weiteren Bios-Forschung wurde die chemische Natur geklärt. Kögl und Tönnis (1936) wiesen nach, daß das übliche Material zur Herstellung von Bios-Präparaten, die Hefe, außerordentlich arm daran ist. Zur Darstellung von 1 g des Wirkstoffs müßten 360 t Hefe verarbeitet werden. Ergiebiger erwies sich Eidotter, das zehnmal soviel Bios enthält wie Hefe. Diese ersten Bios-Präparate waren uneinheitlich. Es zeigte sich, daß sie aus mindestens drei Verbindungen bestehen, die anfangs Bios I, Bios II und Bios III genannt wurden.

Bios I erwies sich als identisch mit m-Inosit; Bios II mit der Formel $C_{11}H_{18}O_3N_2S$ war der gegen Hefe aktivste Bios-Bestandteil. Es wirkte noch in einer Verdünnung von $1:4 \times 10^{11}$. Diese Verbindung wurde Biotin genannt (s. Formel). Die Zusammensetzung von Bios III konnte nicht aufgeklärt werden. Große Aufmerksamkeit wird heute noch dem Biotin geschenkt. Auch die Leber von Pflanzenfressern ist reich an Bios-Stoffen, besonders an Biotin. Für Biotin aus Bullenleber und Eidotter wurden die Strukturformeln festgestellt. Beide Biotine unterscheiden sich in ihrer chemischen Struktur nur geringfügig, ihre physiologische Wirkung ist gleich (Kögl und Ten Ham, 1943; Du Vigneaud, Hofmann, Melville und Szent Györgyi, 1941; Melville, 1944). Biotin aus Eidotter erhielt die Bezeichnung α-Biotin und das aus Leber β-Biotin. Seitdem die Struktur des Biotins bekannt ist, wird es synthetisch dargestellt. (Einzelheiten über die Chemie des Biotins findet man bei N. G. Jarzewa, 1946.)

C. Vitaminbedarf von Mikroorganismen

Die Arbeiten Kögls und seines Laboratoriums brachten Klarheit in die Vorstellungen über Bios als einen Komplex physiologisch aktiver Stoffe. Trotz ihrer unbezweifelbaren Bedeutung für die Chemie der Vitamine haben diese Arbeiten jedoch in biologischer Beziehung Mängel. Im Blickpunkt Kögls stand nicht der gesamte Bios-Komplex, sondern nur ein Teil: die drei Verbindungen Bios I, Bios II und Bios III.

Der Aufbau dieser Stoffe ist recht unterschiedlich. Viele physiologisch aktive Stoffe werden heute synthetisch hergestellt. Nachstehend folgen die Strukturformeln für die am besten untersuchten Verbindungen:

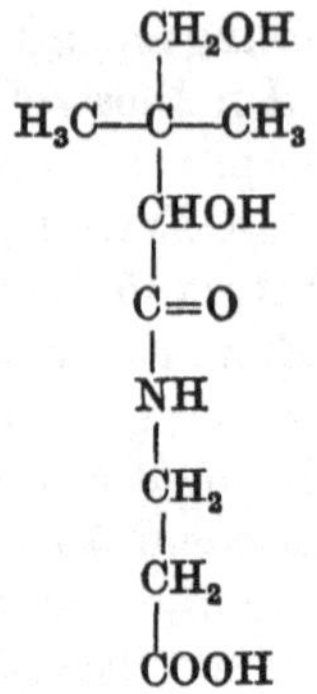

Pantothensäure

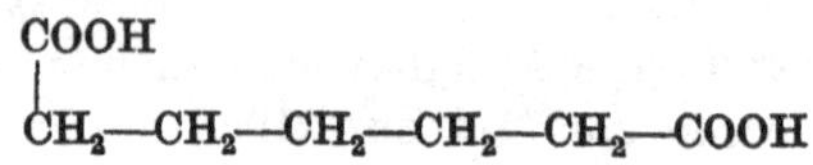

Pimelinsäure

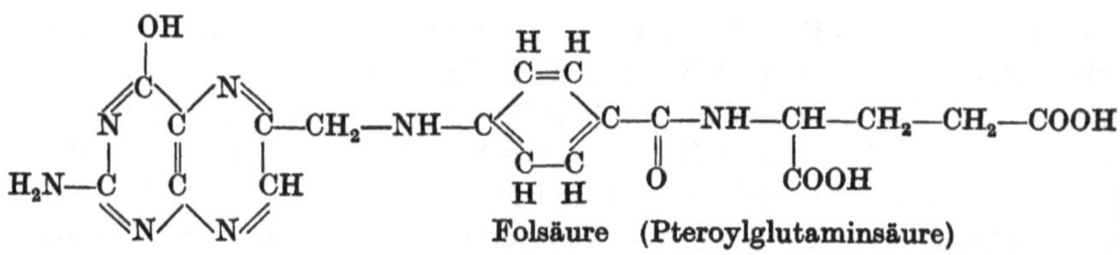

Folsäure (Pteroylglutaminsäure)

$NH_2CH_2—CH_2COOH$

β—Alanin

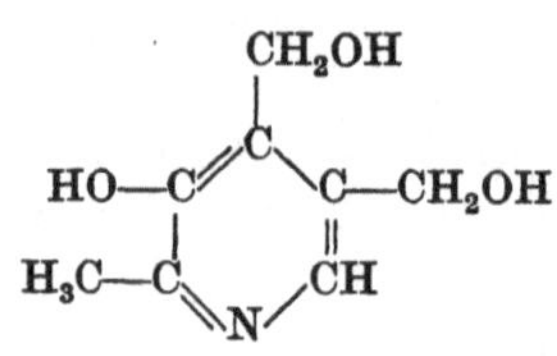

Pyridoxin

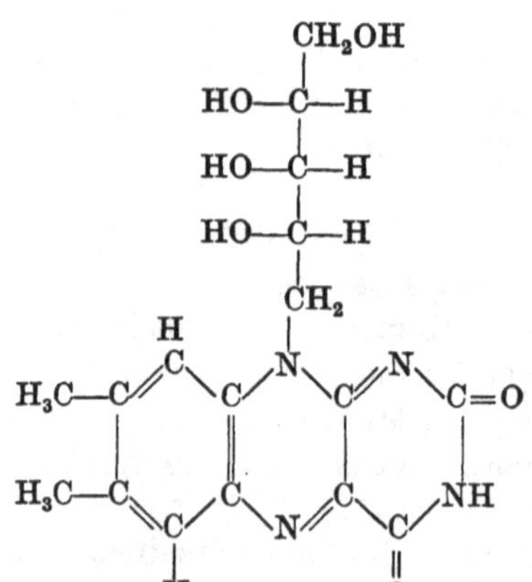

Riboflavin (Laktoflavin, Vitamin B_2)

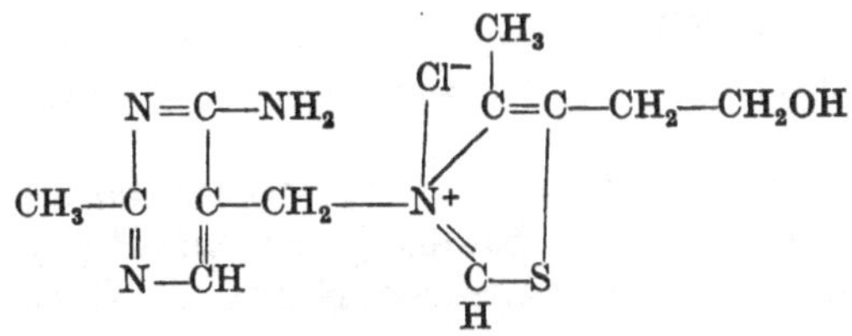

(Pyrimidin) (Thiazol)
Thiamin (Aneurin, Vitamin B_1)

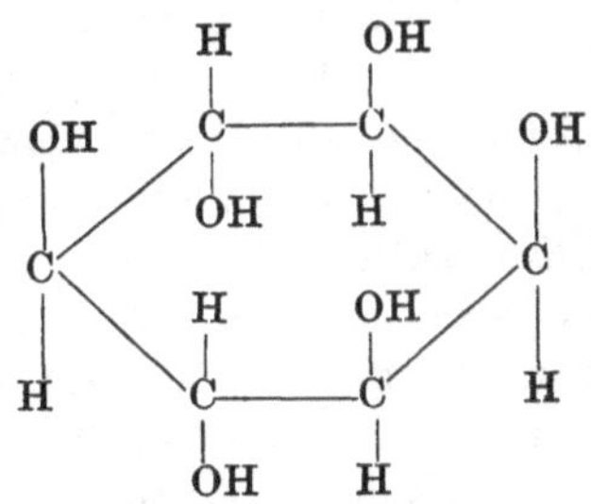

m-Inosit

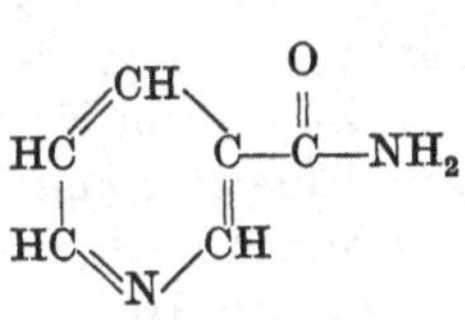

Nicotinsäureamid

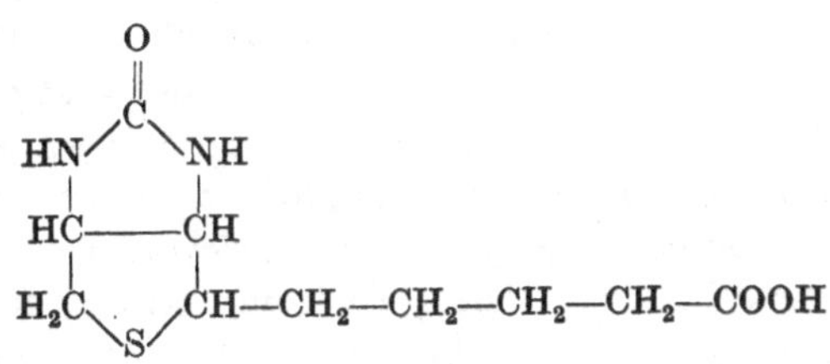

β—Biotin

Jedes Jahr wächst diese Liste und werden die physiologischen Wirkungen schon lange bekannter Substanzen wie z. B. ungesättigter Fettsäuren (Koser, 1948) und einiger Diamine (Snell, 1949) entdeckt.

Die Zusatznährstoffe wirken in geringen Konzentrationen, manchmal in verschwindend kleinen Mengen stark auf Mikroorganismen, deren Wachstum und Stoffwechsel sie aktivieren. Die physiologische Bedeutung einiger dieser Stoffe ist bereits genau erforscht. So wurde festgestellt, daß das phosphorylierte Thiamin (Vitamin B_1) eine Cocarboxylase, also die aktive Gruppe des Fermentes Carboxylase ist. Die Carboxylase katalysiert die Decarboxylierung von α-Ketosäuren zu den entsprechenden Aldehyden. Sie spaltet z.B. Brenztraubensäure in Acetaldehyd und Kohlensäure nach der Gleichung $CH_3COCOOH \rightarrow CH_3CHO + CO_2$. Auch die oxydative Decarboxylierung wird von der Carboxylase katalysiert. Bei Brenztraubensäure nimmt die Reaktion folgenden Verlauf: $CH_3COCOOH + 1/2\,O_2 \rightarrow CH_3COOH + CO_2$. Bei Gärungen und bei der Atmung beobachtet man beide Decarboxylierungstypen. Riboflavin gehört zu den gelben Fermenten, die am

Atmungsprozeß beteiligt sind, Pyridoxin (Vitamin B_6) und seine Abkömmlinge sind aktive Gruppen von Fermenten, die die Umwandlung von Aminosäuren katalysieren.

Bisher ist die Wirkung des Biotins im Stoffwechsel noch nicht geklärt. Man nimmt an, daß sich Biotin an das Eiweiß durch eine Peptid-Bindung anlagert (Bowden und Peterson, 1949). A. S. Konikowa, M. G. Krizman und O. P. Juchnowskaja (1950) zeigten die stimulierende Wirkung von Biotin auf den Einbau von Methionin in Eiweiß.

Die Bedeutung der Vitamine für den Stoffwechsel unterliegt jetzt keinem Zweifel mehr. Das beweisen zahlreiche Untersuchungen über die Wirkung dieser Verbindungen auf einzelne Prozesse wie auch auf den gesamten Stoffwechsel.

Der Bedarf an Zusatznährstoffen ist bei den einzelnen Heterotrophen unterschiedlich. Einige Mikroorganismen, vor allem saprophytische Pilze, entwickeln sich ohne solche Stoffe. Diese Mikroorganismen synthetisieren sie selbständig, entwickeln sich aber besser, wenn sie Zusatznährstoffe erhalten. Für die Entwicklung der meisten Heterotrophen — sowohl Saprophyten als auch Parasiten — sind physiologisch aktive Stoffe unbedingt notwendig. Einige Mikroorganismen benötigten eine Verbindung, andere einen ganzen Komplex, dritte schließlich können ihren Bedarf mit den ersten Abbauprodukten der physiologisch aktiven Stoffe decken. So ist für *Bacillius diphteriae* Pimelinsäure unentbehrlich, *Pythophthora cinnamonii* reagiert positiv auf Thiamin (Vitamin B_1), *Hemophilus parainfluenzae* reagiert auf Putrescin. Bierhefen sind typisch für Organismen, die einen Komplex physiologisch aktiver Verbindungen benötigen. Zu diesem Komplex, der noch nicht vollständig aufgeklärt ist, gehören Biotin, Thiamin, Pantothensäure, Pyridoxin und m-Inosit. *Trichophyton discoides* reagiert nach Robbins (1950) positiv auf m-Inosit, Thiamin und Pyridoxin. Eine andere Art, *T. mentagrophytes*, die von menschlicher Haut isoliert wurde, entwickelt sich auf Hydrolysaten ohne Vitamine normal.

Für Sulfonamid resistente Stämme von *Streptococcus mitis* ist Folsäure unentbehrlich, empfindliche Stämme benötigen sie nicht. Sulfonamide hemmen die Folsäure-Synthese mancher Organismen (Harrison und Clapper, 1950). *Phyco myces nitens* reagiert auf Thiamin und seine Spaltprodukte Thiazol und Pyrimidin positiv. Die Feststellung des Bedarfs der Mikroorganismen an Zusatznährstoffen ist eine aktuelle Aufgabe der Mikrobiologie. Einen Überblick über die einschlägigen Arbeiten gab N. D. Jerusalimski (1940, 1947).

Der Bedarf verschiedener Bakterien an Zusatznährstoffen wird auch in den Referaten von Peterson (1945) und M. N. Meissel (1951) behandelt. Die grüne Pflanze kann sehr verschiedenartige Stoffe synthetisieren. Darunter befinden sich auch solche, die für Tiere und die heterotrophe Pflanze als Vitamine wirken.

D. Physiologisch aktive Stoffe in der grünen Pflanze

Mit E. G. Kling und D. Ch. Kljatschko (Suchorukow, Kling und Kljatschko, 1935) untersuchten wir die Bedeutung des Lichtes für die Bios-Bildung. Bei der Anzucht von Weizenkeimlingen im Dunkeln war der Bios-Gehalt der

Blättchen geringer als bei den belichteten Kontrollen. Dabei wurde festgestellt, daß ultraviolettes Licht günstiger war als rotes Licht. Unsere Ergebnisse waren der erste experimentelle Beweis für die Bedeutung des Lichtes für die Bios-Bildung. Durch seine Arbeiten mit Mais-Keimlingen stützte I. K. Dagys (1937) unsere Schlußfolgerungen. Der niedrige Bios-Gehalt der Wurzeln ist für ihn ein schlüssiger Beweis dafür, daß Bios in den Blättern gebildet wird.

In unserer Arbeit stellten wir ferner fest, daß der Bios-Stoff in der Pflanze in zwei Formen vorliegt: frei und an Eiweiß gebunden. Freier Bios wird leicht durch Wasser extrahiert, der gebundene erst nach Abspaltung der Eiweiße, was wir durch Autolyse erreichten.

Die Bindung von Bios an Eiweiß hat Dagys (1937) bestätigt; später wurde sie von Kögl und Ten Ham (1943) untersucht. Die amerikanischen Biochemiker Lampen, Bahler und Peterson (1942) „entdeckten“ damals vom neuem die Bindung des Biotins an tierische und pflanzliche Eiweiße.

Heute ist die Bindung von Biotin an Eiweiße gut erforscht. Bei der quantitativen Biotinbestimmung wird Biotin an Avidin (eine Fraktion des Hühner-Albumins) gebunden. Avidin und Biotin reagieren stöchiometrisch miteinander. Daher kann man Biotin mit Avidin „titrieren“. Man verwendet hierbei als Indikator einen Mikroorganismus, der freies Biotin benötigt. Anscheinend kommen auch andere Vitamine frei und gebunden vor. Das muß man bei Untersuchungen solcher Stoffe immer im Auge behalten.

Dagys (1935, 1936, 1937) hat Bios in Knospen und Blättern systematisch untersucht und den höchsten Bios-Gehalt in Knospen im Frühjahr und in den abfallenden Blättern im Herbst festgestellt. Einen hohen Bios-Gehalt in Herbstblättern ermittelten auch K. I. Gawrilow (1939) sowie J. W. Rakitin und L. M. Jarkowaja (1939). Den Tagesgang des Bios-Gehaltes in Blättern untersuchte K. I. Gawrillow (1939). Er beobachtete den größten Gehalt morgens, einen starken Abfall in den Mittagsstunden und einen Anstieg gegen Abend. Darum meint er, daß Bios nachts in den Blättern gespeichert wird. Es sind jedoch auch andere Deutungen möglich. Es wurde nämlich der relative Bios-Gehalt, bezogen auf das Trockengewicht, bestimmt. Dieses ist jedoch nicht konstant sondern ändert sich durch Assimilationsprozesse und Ausscheidungen. Die Bezugsgröße läßt also die Schlüsse Gawrilows nicht gerechtfertigt erscheinen.

Bei Befruchtungs- und Reifeprozessen spielen physiologisch aktive Stoffe (Bios) zweifellos eine wichtige Rolle. Interessante Untersuchungen hat I. M. Poljakow (1949) an Pollen verschiedener Pflanzen durchgeführt. Er fand, daß die Pollenkeimung von Kürbis und Tabak durch Vitamin B_1 gefördert wird und daß sich der Bios-Gehalt des Griffels nach der Bestäubung stark ändert. Er teilte dabei den Griffel in einen oberen, einen mittleren und einen unteren Teil.

Die Tab. 32 zeigt den großen Einfluß des Pollens auf den Gehalt an freien Wirkstoffen im Griffel. Nach der Bestäubung steigt der Bios-Gehalt im Griffelgewebe, besonders im oberen Teil, um ein Mehrfaches an. Offensichtlich werden hier Bios-Stoffe aus dem gebundenen in den freien Zustand überführt. Es ist anzunehmen, daß Pollensekrete das Vitamin aus seiner Eiweißverbindung freimachen.

Tabelle 32. **Bios-Gehalt in den Griffeln von Gartenkürbis vor und nach der Bestäubung** (nach I. M. Poljakow)

Pflanze und Griffelteil	Gehalt der Griffel an freiem Bios (in relativen Einheiten nach der Zahl der Hefezellen)	
	Kontrolle (vor der Bestäubung)	Versuch (nach der Bestäubung)
Patisson-Griffel		
Oben	17,7	64,1
Mitte	16,4	17,8
Unten	3,7	4,1
Gartenkürbis-Griffel		
Oben	14,7	57,7
Mitte	7,4	21,8
Unten	8,8	13,7

Bei der Untersuchung des Vitamin-Gehaltes von Fruchtknoten der Baumwolle stellten wir (Suchorukow und W. W. Filippow 1940, 1945) eine ungleichmäßige Speicherung fest. Am schnellsten werden stickstofffreie Verbindungen gespeichert, langsamer stickstoffhaltige und am langsamsten die Vitamine. Nimmt man die zur Zeit der Befruchtung im Fruchtknoten vorhandenen Mengen dieser Stoffe als Einheit an, dann ergeben sich nach 360 Stunden die 65fache Menge N-freier Verbindungen, die 35fache N-haltiger und 6fache an Vitaminen. Letztere nehmen zwar zu, aber nicht so stark wie die anderen Stoffe, ihr prozentualer Anteil sinkt. Aus all dem ergibt sich, daß die Veränderungen des Vitamingehalts durch ungleichmäßige Bildung und Speicherung anderer Stoffe bedingt sein können.

L. P. Shdanowa (1941) hat während der Entwicklung der Pflanze den Bios-Gehalt in Körnern von Sommer- und Winterweizen zu verschiedenen Zeitpunkten während der Jarowisation und in Blättern von *Perilla* bestimmt, die bei unterschiedlicher Tageslänge aufgezogen waren. Sie fand eine Zunahme des Bios-Gehaltes während der Jarowisation und schloß daraus auf Einflüsse durch verstärktes Wachstum, nicht aber durch stadiale Veränderungen. Der Bios-Gehalt in den Blättern von *Perilla*, einer Kurztagpflanze, richtete sich nach der Tageslänge. Er war am größten in den Pflanzen, die bei Dauerlicht aufgezogen wurden und am geringsten in Kurztagpflanzen. Mittleren Bios-Gehalt hatten im Langtag aufgezogene Pflanzen. Auch hier glaubt die Autorin an einen Zusammenhang zwischen dem Bios-Gehalt der Blätter und der Intensität des Wachstums.

Von besonderem Interesse sind Untersuchungen über die Mengenverhältnisse der Vitamine in verschiedenen Entwicklungsstadien. Ein großer Teil dieser Stoffe vom Bios-Typ ist an Eiweiß gebunden; die Reserveeiweiße in den Vakuolen binden ebenfalls Bios (Suchorukow und Bolschakowa, 1946). W. W. Filippow, der das Biotin in der höheren Pflanze untersucht hat, gab einen kritischen Literaturüberblick und stellte experimentell neue Gesetzmäßigkeiten fest. Hierbei vervollkommnete er die Methode zur Bios- und Biotin-Bestimmung und arbeitete ein

Verfahren aus zur Überführung des Biotins aus dem gebundenen in den freien Zustand.

Seine Untersuchungen führten W. W. Filippow zu neuen Schlußfolgerungen. Danach findet bei der Samenkeimung eine ununterbrochene Biotin-Anhäufung in den Keimlingen statt. In diesem Entwicklungsstadium beeinflußt Licht die Biotin-Bildung nicht, sie verläuft in grünen und etiolierten Keimlingen gleich. Biotin wird in der Hauptsache im Blatt gebildet. Am stärksten ist die Biotin-Synthese im Licht; sie findet aber auch im Dunkeln statt, wenn genügend Assimilate vorhanden sind. In absterbenden Pflanzenteilen nimmt der Biotin-Gehalt, im Gegensatz zu dem anderer stickstoffhaltiger Verbindungen, nicht ab. Das deutet darauf, daß Biotin nicht abwandert. Die Wurzel scheidet Biotin ab. Dadurch und durch den herbstlichen Laubfall gelangt Biotin in den Boden. Es kann aber von der Wurzel nicht wieder aufgenommen werden. Kögls Schema des Biotin-Kreislaufs: Grüne Pflanze-Tier-Mikroorganismus-grüne Pflanze wurde bisher nicht bestätigt. In der Pflanzenzelle wird Biotin nicht abgebaut. Alle Schlußfolgerungen W. W. Filippows, mit Ausnahme der letzten über den fehlenden Biotin-Abbau in der Pflanze, sind experimentell gestützt. Der Biotin-Stoffwechsel, wie auch die chemischen Umwandlungen anderer physiologisch aktiver Stoffe, ist bisher nicht genügend untersucht.

E. Physiologisch aktive Stoffe und Immunität

Vitamine stimulieren Wachstum und Vermehrung von Pilzen und Bakterien. Viele Mikroorganismen benötigen keine Zusatznährstoffe oder Vitamine. Die Eignung eines Nährbodens für heterotrophe Organismen hängt nicht nur von seinem Gehalt an organischen und mineralischen Nährstoffen ab, sondern auch von seinem Gehalt an Zusatznährstoffen und Wachstumsaktivatoren. Pathogene Organismen entnehmen diese Stoffe der infizierten Pflanze, deren Gehalt daran über die Entwicklungsbedingungen für die pathogenen Organismen entscheidet. Im Jahre 1931 haben wir (Suchorukow, Gerber, Barabanowa und Borodulina, 1933) die Ursachen unterschiedlicher Resistenz von Mohrrübensorten gegen *Sclerotinia libertiana* untersucht.

Bei der Winterlagerung 1931/1932 in Kellern entwickelte sich *Sclerotinia* auf den Sorten unterschiedlich. So wurden die Sorte 145 (Gribowski) und Valeria infiziert, aber die Fäule breitete sich nicht über die ganze Wurzel aus. In den infizierten Teilen entwickelten sich Sklerotien.

Die Sorten Nantskaja und Geranda verfaulten nach der Infektion schnell. Sklerotien wurden erst nach totalem Befall der Wurzel gebildet. Die Beobachtungen über die Entwicklung des Parasiten lassen den Schluß zu, daß das Wachstum von *Sclerotinia* durch Mangel an einem für die Entwicklung notwendigen Stoff gehemmt wird. Der Gehalt an diesem Stoff ist in den Sorten 145 und Valeria, wenn man das *Sclerotinia*-Wachstum zugrunde legt, niedriger als bei den Sorten Geranda und Nantskaja. Die Bestimmung des Kohlenhydratgehalts ergab keine bemerkenswerten Unterschiede. Deshalb nahmen wir an, daß hinsichtlich der Nährstoffe alle Sorten für *Sclerotinia* gleichwertig sind, daß aber bezüglich des

Gehalts an Zusatznährstoffen Unterschiede bestehen. Als Indikator für diese Stoffe kann ein Organismus dienen, der sie aus der Umwelt aufnimmt. Die Untersuchung der Wirkung des Mohrrüben-Preßsafts auf das Hefewachstum auf Hayduck-Nährboden ergab tatsächlich große Unterschiede. Die relativen Größen des Hefezuwachses (der größte Zuwachs = 100) waren:

Sorte	
Nantskaja	100,0
Geranda	98,4
Valeria	25,7
145	20,6

Demnach enthält Mohrrüben-Preßsaft einen Stoff, der das Wachstum der Hefe stimuliert, wahrscheinlich sind es Stoffe des Bios-Komplexes. In den resistenten Sorten Valeria und 145 wurde der geringste Bios-Gehalt festgestellt. Bios ist also für die schnelle Entwicklung von *Sclerotinia* auf der Mohrrübenwurzel notwendig.

Auch bei der Fäule von Arbusen trat die Bedeutung des Bios klar in Erscheinung. Diese Erkrankung wurde zuerst 1932/1933 auf der Versuchsstation für Feldgemüse in Bykow (in der Nähe von Stalingrad) festgestellt, als verschiedene Arbusensorten, darunter auch amerikanische Züchtungen, geprüft wurden. Die amerikanischen Sorten waren anfällig, die Sorten unserer Züchtung dagegen immun. Im Verlaufe der Krankheit schwärzt sich die Fruchtschale allmählich, beginnend am Blütenende bis schließlich die ganze Frucht mumifiziert ist. Die Fäule erwies sich als infektiös; als Erreger wurde ein *Fusarium* isoliert, das später von M. N. Rodigin als *Fusarium wolgense* Rodigin beschrieben wurde (Raillo, 1950).

Stoffwechselphysiologische Untersuchungen klärten die Besonderheiten, durch die sich *Fusarium* an seine Entwicklung auf Arbusen anpaßt. Auf synthetischen Nährmedien sind Glukose und Saccharose die besten Kohlenstoffquellen für den Pilz, Saccharose wird etwas schlechter ausgenutzt. Dextrin und Stärke verwertet der Pilz nicht, auf Zitraten und Malaten wächst er nur schwach, noch schwächer auf Oxalaten. Die beste Stickstoffquelle war Pepton, als schlechteste erwiesen sich Tyrosin, Asparagin und Ammoniumsulfat. Auf Nährböden mit Albumin, Gliadin und Globulin wuchs der Pilz schlecht, auf Böden mit Nitrat überhaupt nicht. Das beste Wachstum wurde bei einem Glukosegehalt von 10% erhalten. Der Pilz sporulierte nur in Anwesenheit des Bios-Komplexes.

Das *Fusarium* ist demnach auf lösliche Verbindungen angewiesen und scheidet keine Fermente aus. Das unterscheidet es von gewöhnlichen Saprophyten und deutet auf parasitische Besonderheiten hin.

So ist auch die Anpassung des Pilzes an Arbusen-Früchte erklärlich, die gewöhnlich reich an Zuckern und löslichen Stickstoff-Verbindungen sind. Junge Früchte werden sehr leicht infiziert, seltener reifende und reife Früchte. Die einheimischen Züchtungen waren immun, ihre Früchte wurden weder spontan noch nach künstlicher Infektion befallen. Anatomische Untersuchungen von Fruchtschalen der Sorte Holbert (anfällig) und der Sorte Melitopolski (immun) ergaben keine deutlichen Unterschiede im Bau und in der Entwicklung des Festigungsgewebes. Die Resistenz scheint also nicht anatomisch bedingt zu sein.

Physiologisch wiesen reifende Früchte resistenter und anfälliger Sorten bemerkenswerte Unterschiede auf. Resistente Früchte enthalten in frühen Entwicklungsstadien wenig Zucker, ihr Saft besitzt einen niedrigen osmotischen Wert. In der Reife wird der Zuckergehalt und damit der osmotische Wert des Saftes erhöht. In allen Entwicklungsstadien resistenter Früchte entfällt der größte Teil des Stickstoffgehalts auf Eiweiß; Aminostickstoff ist immer nur in kleinen Mengen nachweisbar. Bei anfälligen Sorten steigen während der Fruchtentwicklung Zuckergehalt und osmotischer Druck ebenfalls. Sie sind reicher an Stickstoffverbindungen als die resistenten Sorten; ihr Gehalt an Aminostickstoff ist größer. Der Parasit ist also den Entwicklungsmöglichkeiten, die anfällige Sorten bieten, gut angepaßt, während er auf resistenten Sorten ungünstige Entwicklungsbedingungen findet. Große Sortenunterschiede wurden im Bios-Gehalt gefunden, auf die der Pilz sehr deutlich reagiert. Aus der Arbeit von A. R. WERNER und E. G. KLING (1934) bringen wir Angaben über den Bios-Gehalt der Sorten Melitopolski und Holbert (Tab. 33). Die Früchte wurden in vier verschiedenen Entwicklungsphasen geerntet. Zur ersten Gruppe gehören die jüngsten, zur vierten Gruppe die reifen Früchte. Von der Sorte Holbert wurden gesunde Früchte und gesunde Teile infizierter Früchte untersucht. Es wurde nur der freie Bios-Gehalt bestimmt.

Die anfällige Sorte Holbert enthält in allen Entwicklungsstadien weit mehr Bios-Stoffe als die resistente Sorte Melitopolski. Der Bios-Gehalt steigt während der Reife ständig, während er bei der resistenten Sorte abnimmt.

Tabelle 33. Bios-Gehalt von Arbusen-Früchten verschiedener Entwicklungsstadien (Höchster Gehalt = 100)

Gruppe	Sorte		
	Melitopolski	Holbert	
	gesund	gesund	gesunde Teile infizierter Früchte
1.	—	—	27,2
2.	22,7	50,0	100,0
3.	—	63,6	98,3
4.	13,6	88,2	100,0

Infizierte Früchte erreichen schon im zweiten Reifestadium den höchsten Bios-Gehalt, der bis zur Reife konstant bleibt.

Die Fusariose beschleunigt die Reife. Befallene Früchte zeigen bereits in den frühesten Entwicklungsstadien alle Reifemerkmale.

In infizierten Früchten steigt während der Reife der Aminostickstoffgehalt auf Kosten des Eiweißgehalts. Es findet also Eiweißabbau statt (Tab. 34). Eine ähnliche Abhängigkeit der Krankheitsresistenz vom Bios-Gehalt, insbesondere der Kartoffel gegen *Phytophthora*, fand W. F. KUPREWITSCH (1947).

Tabelle 34. Eiweiß- und Aminostickstoffgehalt von Früchten *Fusarium* resistenter und anfälliger Arbusensorten (mg/100 ml Preßsaft)

Gruppe	Sorte					
	Melitopolski gesund		Holbert			
			gesund		infiziert	
	Eiweiß-N	Amino-N	Eiweiß-N	Amino-N	Eiweiß-N	Amino-N
1.	—	—	341	42	351	59
2.	270	42	337	62	320	73
3.	—	—	337	84	285	133
4.	263	49	305	92	289	146

F. Physiologisch aktive Stoffe und Fäulnisprozesse

Pflanzenkrankheiten, besonders von fakultativen Parasiten hervorgerufene, werden oft von Zerfallsprozessen — Fäulen — begleitet. Außer Abbauprodukten hochpolymererVerbindungen erhält der Parasit zusätzliche Mengen an Bios, der bei der Eiweißspaltung frei wird. Die Konzentration des freien Bios sollte den Eiweißabbau beeinflussen, da sie die Entwicklung der Mikroben beeinflußt. Zur Klärung dieser Frage untersuchten wir mit T. L. Epel-Bogoslowskaja (Suchorukow und Epel-Bogoslowskaja, 1935) den Einfluß von Bios auf Fäulnisprozesse. Als Fäulnismikroben verwendeten wir *Bacillus subtilis* Cohn und *Proteus vulgaris* Hauser, als Eiweißsubstrat gereinigtes Weizengliadin (Stickstoffgehalt 18%) und Fleischpulver (Stickstoffgehalt 12,1%). Letzteres bereiteten wir aus frischem, entfettetem und von Sehnen befreitem Rindfleisch. Das zerkleinerte Fleisch wurde sieben Tage lang in Eiswasser gespült, bei 90° C getrocknet und zermahlen. Als Bios-Präparat diente ein Absud aus kurz mit Eiswasser gewaschenen Hefen (1:10). In den Versuchen mit *B. subtilis* wurden zu 0,75 g Gliadin 2 ml KH_2PO_4 (5%), 28 ml Leitungswasser und 1 bzw. 2 oder 3 ml des Bios-Präparats gegeben und auf 33 ml aufgefüllt.

Das Gemisch reagierte neutral (Lackmus). Im Autoclav wurde eine Stunde bei 1 atü sterilisiert. Nach gleichmäßiger Beimpfung wurden die Kolben 30 Std. bei 30° C gehalten, dann kamen sie auf Eis. Die Mikroben wurden in der Zählkammer nach Thoma ausgezählt. Im Kulturfiltrat wurde nach der üblichen Methode Stickstoff und die Menge des zersetzten Eiweißes bestimmt. In den Versuchen mit *P. vulgaris* wurde 1 g Fleischpulver genommen, die anderen Bestandteile waren die gleichen wie in den Versuchen mit *B. subtilis*. Nach der Infektion wurden die Kolben 48 Stunden bei 30° C bebrütet. Der Eiweißabbau wurde durch Formoltitration bestimmt. Die Ergebnisse der Mikrobenzählung und der Bestimmung des abgebauten Eiweißes sind in den Tab. 35 und 36 dargestellt. Sie zeigen, daß *B. subtilis* und *P. vulgaris* positiv auf die Zugabe von Bios reagieren; durch geringe Dosen wird ihre Vermehrungsrate erhöht, durch größere gesenkt. Bios-Zusatz vermindert den mikrobiellen Eiweißabbau.

Bekanntlich werden bei der Eiweißzersetzung beträchtliche Mengen Fäulnisprodukte als einfache organische oder anorganische Verbindungen frei. Sie werden

Tabelle 35. Einfluß von Bios auf die Entwicklung von *Bacillus subtilis* und den Eiweißabbau

Zugegebener Bios (in ml)	Zahl der Mikroben im ml (in Millionen)	abgebautes Eiweiß (mg Stickstoff/ 1 Million Mikroben)
1,0	2,250	0,538
2,0	3,750	0,342
3,0	2,925	0,357
Kontrolle (ohne Bios)	0,950	1,290

Tabelle 36. Einfluß von Bios auf die Entwicklung von *Proteus vulgaris* und den Eiweißabbau

Zugegebener Bios (in ml)	Zahl der Mikroben im ml (in Millionen)	abgebautes Eiweiß (mg Stickstoff/ 1 Million Mikroben)
1,0	21,2	0,0879
2,0	31,5	0,0368
3,0	23,5	0,0719
Kontrolle (ohne Bios)	17,7	0,2500

nur teilweise von den Fäulniserregern selbst verbraucht. Der größere Teil wird an das Medium abgegeben oder von anderen Organismen, die nicht direkt an der Fäule beteiligt sind, als Nahrung aufgenommen. Dieses Mißverhältnis zwischen Erzeugung und Verbrauch der Fäulnisprodukte durch Mikroben erklärt sich nach unserer Meinung aus dem großen Bedarf der Fäulnismikroben an Bios, der bei der Eiweißzersetzung freigesetzt und damit den Mikroorganismen zugänglich wird. So bestimmt die Anwesenheit von Bios im Medium nicht nur die Wachstumsgeschwindigkeit der Heterotrophen, sondern auch das Tempo der durch Mikroorganismen hervorgerufenen Abbauprozesse. Wir konnten auch nachweisen, daß Bios keinen direkten Einfluß auf die proteolytischen Fermente der Mikroben hat und daß man seine Wirkung als Aktivierung der ganzen Mikrobenzelle auffassen muß. Zu gleichen Ergebnissen kamen A. R. Werner und E. G. Kling (1934) bei ihren Untersuchungen an Arbusen.

G. Physiologisch aktive Stoffe und Selbstreinigung des Bodens von parasitischen Mikroben

A. R. Werner wies auf die große Bedeutung der Bios-Stoffe für die pathogenen Fusarien hin. Auf Nährböden mit Bios zeigten Pilze außer schnellem Mycelwachstum reiche Sporenbildung. Für die Bildung von Makro- und Mikrokonidien ist die Anwesenheit von Bios im Nährboden unerläßlich. Nach Werner enthalten auch die Pilzsporen sehr viel Bios. Der Bios-Gehalt der Sporen führt zu einer bemerkenswerten Wechselbeziehung zwischen im Boden auskeimenden Sporen und der Mikrobenflora. A. R. Werner beobachtete, daß sich im Boden um keimende *Fusarium*-Sporen Protozoen anreicherten. Nach kurzer Zeit waren die Sporen dann verschwunden. Werner glaubt, daß aus den Sporen organische und Bios-Stoffe diffundieren, die die Protozoen chemotaktisch anlocken. Durch ihren hohen Bios-

Gehalt können die Sporen sich nicht lange im Boden halten, weil sie ständig von anderen Bodenmikroben vernichtet werden. Das ist eine der Ursachen der Selbstreinigung des Bodens von parasitären Mikroorganismen.

H. Bedeutung der Konzentration physiologisch aktiver Stoffe für den Stoffwechsel der Parasiten

Für Parasiten und Saprophyten haben die Vitaminkonzentration und das Mengenverhältnis von Vitaminen und Grundnährstoffen große Bedeutung. Wachstumsgeschwindigkeit, Stoffwechsel und Zellstrukturen der Parasiten hängen von der Vitaminkonzentration ab. A. R. Werner und W. F. Altergot (1937) beobachteten bei höheren Bios-Konzentrationen einen eigenartigen Zerfall bzw. eine Lysis der Hyphen von *Fusarium niveum* und *F. lini*. Diese wurden strukturlos und verschleimten. Bei anderen *Fusarium*-Stämmen fanden sie Formen, die selbst auf normalen Nährböden leicht zerfielen. In dem dabei entstehenden Schleim wurde ein hoher Gehalt an freiem Bios festgestellt. M. N. Meissel (1947) und Meissel und Trofimowa (1946) untersuchten durch Hypovitaminose und Hypervitaminose verursachte physiologische und strukturelle Veränderungen der Mikroorganismen. Bei Hefepilzen (*Endomyces magnusii*) wurden bei Biotinüberschuß Plasmolyse, Koagulation und partielle Autolyse beobachtet. Trager (1943) fand bei Vögeln einen Zusammenhang zwischen ihrer Malariaresistenz und dem Biotingehalt des Blutes. Hühner- und Entenküken wurden unterschiedlich ernährt und intravenös mit Malaria-Plasmodien (*Plasmodium lophurae* und *Pl. cathemerium*) infiziert. Er bestimmte den Biotingehalt des Blutes und die Vermehrung der Plasmodien. Hierbei zeigte sich, daß sich der Parasit bei niedrigem Biotin-Gehalt besser vermehrte. Trager kommt zu dem Schluß, daß zur Entwicklung der Malaria-Plasmodien Biotin notwendig sei, daß hohe Konzentrationen jedoch giftig auf sie wirken.

Der Vitaminbedarf der Mikroorganismen richtet sich nach dem Medium, in dem sich der Mikroorganismus entwickelt. Man glaubt bis heute, daß die Parasiten höhere Anforderungen an den Vitamingehalt des Nährbodens stellen als Saprophyten und fakultative Parasiten und daß, je mehr der Mikroorganismus sich in seiner Biologie und besonders in der Ernährung von der grünen Pflanze unterscheidet, um so mehr der Bedarf an diesen Stoffen sinkt. Mensch und Tier hängen von der grünen Pflanze ab, also auch die Parasiten von Tieren. Diese in den Grundzügen richtige Vorstellung bedarf jedoch einiger Korrekturen. Mikroorganismen sind anpassungsfähig. Die Fähigkeit zur Anpassung an das umgebende Mileu ist erblich fixiert. Als Beispiel seien die Hefen genannt. Die vom Menschen seit langer Zeit auf natürlichen, an Bios-Stoffen reichen Nährböden (Teig, Bierwürze, Säfte) gezüchteten Kulturhefen gedeihen nur noch auf Nährböden mit diesen Stoffen. Wildhefen begnügen sich mit geringwertigen Substraten und haben geringeren Vitamin-Bedarf. Kultur- und Wildhefen sind typische Saprophyten.

Die Zusammensetzung des Nährbodens beeinflußt den Vitamin-Bedarf der Mikroorganismen. So ist z. B. für manche *Neurospora*-Arten p-Aminobenzoesäure unentbehrlich. Es gibt aber auch andere Formen, die diese Verbindungen nur dann ertragen, wenn der Nährboden Sulfonamide enthält, die für die gewöhnlichen *Neurospora*-Formen stark toxisch sind (SNELL, 1949).

In Anpassung an bestimmte Ernährungsbedingungen haben sich bei den Mikroorganismen Vitaminansprüche entwickelt. Für die parasitierenden Heterotrophen müssen diese vom Wirtsorganismus befriedigt werden.

Dabei entsteht die Frage, ob solche Stoffe die Anfälligkeit oder Resistenz des Wirtsorganismus bestimmen können. Wir wiesen schon darauf hin, daß jeder Erkrankung und folglich auch der Immunität der Kampf zweier Organismen um die Nährstoffe zugrunde liegt. Der Parasit assimiliert im Wirtsorganismus die für ihn notwendigen Stoffe, trifft aber dabei auf die Gegenwirkung passiver oder aktiver Schutzmittel der Wirtspflanze. Die Nährstoffe für den Parasiten sind also der Anlaß dieses Kampfes, sein Ergebnis wird durch die Schutzmittel des Organismus und die Angriffsmittel des Parasiten bestimmt. Nach Überwindung der pflanzlichen Schutzmittel bestimmen die Lebensbedingungen in der Pflanze die Entwicklung des Parasiten, wobei die Vollwertigkeit der Ernährung entscheidend sein kann. In den genannten Beispielen für unterschiedliche Resistenz von Mohrrüben gegen *Sclerotinia* und der Arbusen gegen *Fusarium* zeigten wir den unterschiedlichen Wert des Substrats für diese Parasiten. Bei Mohrrübenwurzeln und Arbusenfrüchten wurden die pflanzlichen Schutzmittel durch Vergiftung der Gewebe mit toxischen Ausscheidungen der Pilze überwunden.

Die Hauptquelle für Vitamine ist die grüne Pflanze. Sie liefert allen Heterotrophen Vitamine. Aus der Pflanze gelangen sie in den Boden, die Gewässer und die Atmosphäre. Das geht aus den Versuchen M. N. MEISSELS und N. P. TROFIMOWAS (1946) hervor, die die Flüchtigkeit von Vitaminen nachwiesen.

Man kann sich schwer einen Organismus vorstellen, auf den Vitamine ohne Wirkung sind, sie sind ein unentbehrlicher Teil der Ernährung. Wahrscheinlich veränderte sich mit dem Auftreten der grünen Pflanze auf der Erde der gesamte Stoffwechsel der primären, heterotrophen Organismen. Damit bildeten sich neue Ansprüche an Umwelt und Nahrung aus, darunter auch die an Vitamine. Bei der Darlegung seiner Theorie über die Entstehung des Lebens auf der Erde schreibt A. I. OPARIN (1936, S. 149): „Aber nach der Entstehung der Photosynthese verlief die Evolution der an die Ernährung mit organischen Stoffen angepaßten Organismen bereits auf vollständig anderen biochemischen Grundlagen als das vor diesem Ereignis der Fall war". Es wäre interessant, den Vitaminbedarf chemosynthetisierender Bakterien aufzuklären. Diese Organismen bauen organische Stoffe auf. Dabei verwerten sie aber nicht die Energie des Lichtes, wie es die grüne Pflanze tut, sondern die Energie von Oxydationsreaktionen. Es besteht Veranlassung anzunehmen, daß die Chemosynthese eine ältere Form der Kohlenstoffassimilation ist (LJUBIMENKO, 1935).

J. Methoden zur Bestimmung physiologisch aktiver Stoffe

Zur Bestimmung des Bioseinflusses wurden viele Methoden vorgeschlagen. Sowjetische Wissenschaftler wenden meist die 1934 beschriebene Methode von WERNER und KLING an. Dazu stellt man eine Nährlösung nach HAYDUCK her:

10 g Saccharose, 0,25 g Asparagin, 0,1 g Magnesiumsulfat, 0,25 g Kaliumphosphat auf 100 ml Wasser. Man beimpft 25 ml Nährlösung mit 0,1 bis 0,2 g gewöhnlicher Preßhefe oder gut gärender Bierhefen. Nach 24 h bei 25° C werden die Zellen gezählt. Aus der Kultur impft man 1 ml Hefesuspension auf frische Nährlösung (25 ml) über. Man zählt die Zellen sofort und nach zweitägigem Bebrüten bei 25° C. Die Überimpfung wiederholt man ein- oder zweimal. Dabei geht die Vermehrung der Zellen als Folge der Verringerung des Bios-Gehaltes allmählich zurück. Durch wiederholtes Überimpfen soll der Bios-Gehalt der Nährmedien verringert und bei den Hefen Bios-Hunger erzeugt werden. Die so vorbereiteten Hefen überträgt man wieder auf HAYDUCK-Nährlösung, aber jetzt unter Zugabe der Extrakte, die auf Bios untersucht werden sollen. In sechs Kolben füllt man je 25 ml Nährlösung, und in fünf Kolben gibt man 0,25, 0,5, 1,0, 1,5 und 2 ml des zu untersuchenden Extrakts hinzu. In den Kontrollkolben (6.) gibt man keinen Extrakt. Dann werden alle Kolben mit Wasser auf das gleiche Volumen gebracht. Die Kolben werden gleichmäßig mit Hefe beimpft. Sofort und ein und zwei Tage nach der Beimpfung werden die Hefezellen gezählt. Ihre Vermehrungsgeschwindigkeit dient als Index für den Bios-Gehalt. Bei hohen Bios-Konzentrationen steigt die Vermehrungsrate sprunghaft bei Zugabe einer geringen Menge des zu prüfenden Extrakts, bei weiterer Erhöhung des Bios-Gehalts steigt sie weiter gleichmäßig an. Bei niedrigem Bios-Gehalt nimmt die Hefevermehrung mit zunehmender Dosis des Extrakts gleichmäßig zu. Die Extrakte werden aus frischem oder trockenem Material mit Wasser bei 100° C (30 Minuten) hergestellt.

Wir haben die Methode etwas verändert, indem wir mit Reinkulturen arbeiten. Die Hefestämme werden auf Bierwürze-Agar vermehrt. Wir empfehlen, solche Arbeiten mit Hefestämmen zu beginnen, deren Vitamin-Bedarf bekannt ist. Die Kolben mit dem Nährboden und den Extrakten werden vor der Beimpfung im strömenden Dampf oder bei $^1/_2$ atü sterilisiert.

Zur Bestimmung des freien und gebundenen Bios extrahieren wir den freien Bios mit 70- bis 80prozentigem Alkohol. Das Material wird 30 Minuten auf dem Wasserbad am Rückflußkühler gekocht. Der freie Bios geht dabei in den Alkohol-Extrakt. Der Alkohol wird abgedampft und der Rückstand in Wasser aufgenommen.

Den gebundenen Bios bestimmen wir im Extraktionsrückstand. Dazu wird dieser mit 0,2 n KOH auf dem kochenden Wasserbad eine Stunde hydrolysiert. Das basische Hydrolysat wird nach der Neutralisation mit Salzsäure auf seinen Bios-Gehalt geprüft. J. DAGYS und L. BLJUSMANAS (1943) führten die Hydrolyse mit n NaOH durch. Wir haben festgestellt, daß Hydrolyse mit normaler Lauge Biosverluste hervorruft. Deshalb arbeiten wir mit 0,2-n Lauge. W. W. FILIPPOW schlägt nach langwierigen methodischen Arbeiten an Stelle der HAYDUCK-Nährlösung eine andere Nährlösung und für die Abspaltung des gebundenen Bios die saure Hydrolyse vor. Seine Nährlösung setzt sich folgendermaßen zusammen:

$MgSO_4 \cdot 7\,H_2O$	1,0	g
$(NH_4)_2SO_4$	3,0	g
KH_2PO_4	2,5	g

$CaCl_2$	0,25 g
$MnCl_2 \cdot 4\,H_2O$	0,001 g
$ZnSO_4 \cdot 7\,H_2O$	0,001 g
$CuSO_4 \cdot 5\,H_2O$	0,0001 g
$FeCl_3$	0,0005 g
KJ	0,0001 g
Asparagin	0,1 g
Saccharose	20,0 g
Aqua destillata ad	1000 ml

Auf 1 l dieser Nährlösung kommt die bei Verbrennung von 1 g Preßhefe erhaltene Asche (die Asche wird in Salzsäure gelöst, der Säureüberschuß mit Soda neutralisiert). Dadurch werden die Hefen mit den im Substrat nicht ausreichenden Mikroelementen versorgt. Die Saccharoselösung reinigen wir mit Aktivkohle und bewahren sie steril auf.

W. W. Filippow spaltet den gebundenen Bios durch einstündige Hydrolyse mit 2 n H_2SO_4 auf dem kochenden Wasserbad, neutralisiert mit Calciumcarbonat und bestimmt den Gehalt mit der Hefemethode.

Benutzt man Hefen mit bekanntem Vitamin-Bedarf, so kann man die Methode zur Bestimmung verschiedener physiologisch aktiver Verbindungen im Untersuchungsmaterial anwenden. In diesem Falle setzt man der Nährlösung alle Vitamine zu mit Ausnahme des zu bestimmenden, welches man nur mit dem zu untersuchenden Extrakt beigibt. Die Hefevermehrung dient wieder als Maß für den Gehalt des Extrakts an diesem Stoff. Die Zählung der Hefezellen in der Zählkammer ist die sicherste, aber auch mühsamste Methode. Zur Zeit wird daneben auch die Auswertung der Versuche nach dem Trockengewicht und nach der Trübung der Hefesuspension vorgenommen. W. W. Filippow konstruierte einen Trübungsmesser nach dem Prinzip des photoelektrischen Kolorimeters, der die Biotinbestimmung mit einer Genauigkeit bis zu 0,005 γ gestattet.

Viele Vitamine werden mit Bakterien als Indikator-Organismen bestimmt. Die Beschreibung der speziellen Methoden geht über den Rahmen dieser Arbeit hinaus.[1]

[1] Zur Einführung in dieses Gebiet sind die mit dem Titel „Biochemie und Physiologie der Vitamine" unter der Redaktion von N. N. Sissakjan, W. N. Bukin und M. N. Meissel (Verlag für ausländische Literatur, Moskau) erscheinenden Publikationen zu empfehlen. Sie enthalten methodische Arbeiten (Übersetzungen) mit Literaturübersichten und -zusammenstellungen. Von 1950 bis 1951 erschienen drei Ausgaben.

VIII. Allgemeine Gesetzmäßigkeiten der passiven und aktiven Immunität bei Pflanzen

In den vorangegangenen Kapiteln behandelten wir die Faktoren, die auf den Parasiten während seiner Entwicklung auf der Pflanze einwirken. Negativ wirken einige morphologische, chemische und physiologische Eigenschaften der Pflanze. Schon vor dem Befall vorhandene, die Entwicklung des Parasiten hemmende Eigenschaften der Pflanzen bewirken passive Resistenz oder Immunität. Andere Resistenzfaktoren entstehen erst durch den Befall und sind aktive Reaktionen darauf. Bei ein und derselben Infektion können gleichzeitig Faktoren der passiven und aktiven Immunität auftreten.

In den letzten Jahren wird den Faktoren der passiven Immunität große Aufmerksamkeit gewidmet, besonders einigen für Krankheitserreger toxischen Verbindungen. In der Literatur findet man reichhaltiges Material, das passive Schutzmittel bei Pflanzen bestätigt.

N. N. Kargopolowa (1936) fand eine Abhängigkeit zwischen der Resistenz des Weizens gegen *Puccinia triticina* und dem Gehalt an phenolischen Verbindungen. Dabei zeigte es sich, daß Brenzcatechinderivate aktiver sind als Pyrogallolderivate. B. P. Tokin (1942, 1948) wies in höheren Pflanzen flüchtige und nichtflüchtige, gegen Bakterien, Pilze und Protozoen aktive, antibiotische Stoffe nach, die er Phytonzide nannte. Die erfolgreiche Anwendung von Phytonziden in der Therapie, die Strukturermittlung verschiedener Antibiotica höherer Pflanzen und die weite Verbreitung dieser Stoffe haben die Aufmerksamkeit zahlreicher Forscher erregt. Zweifellos haben wir in den Phytonziden Stoffe des passiven Schutzes vor uns.

A. F. Kapustinski (1950) stellte eine positive Korrelation zwischen Anthocyangehalt und Krankheitsresistenz einiger Pflanzen fest. Er fand, daß Preßsäfte aus Blütenblättern krankheitsresistenter Mohnsorten bakteriostatisch auf *Mycobacterium citreum* und bakterizid auf *Micrococcus luteus* wirken.

Auch in abgestorbenen Pflanzen wirkt Anthocyan auf saprophytische Mikroorganismen antibiotisch. Nach K. M. Mironow (1950 b) wird die Verzögerung der Hanfröste durch den Gehalt der Stengel an rotbraunen oder violetten Stoffen verursacht. Die Resistenz der Stengel gegen die Röste-Mikroben erklärt er mit einem erhöhten Gehalt an kondensierten Gerbstoffen, die mit Eiweißen und anderen Verbindungen Komplexe bilden, und mit dem geringen Gehalt der Stengel an Stickstoffverbindungen, die für die Ernährung der Mikroben unentbehrlich sind. Aber offensichtlich spielen in diesem Falle die Anthocyane nicht die entscheidende Rolle.

Die Beispiele aus den Arbeiten der letzten Jahre genügen, um sich eine Meinung zu bilden über die Wichtigkeit verschiedener chemischer Verbindungen für die passive Resistenz.

Man darf aber die Bedeutung dieser Faktoren nicht überschätzen und ihnen etwa die entscheidende Rolle bei den Resistenzerscheinungen der Pflanzen zuschreiben. Die chemische Zusammensetzung der Pflanze kann sich nach der Infektion stark verändern, die Schutzstoffe können dabei zerstört werden. Die Stoffwechselprodukte der Parasiten können mit den Schutzstoffen reagieren und diesen ihre antibiotische Wirkung nehmen. Bemerkenswerte Untersuchungen über die Wechselwirkungen von Antibiotica—Penicillin, Streptomycin und Mycetin — mit den Stoffwechselprodukten der Bakterien haben N. A. Krassilnikow und N. I. Nikitina (1951) durchgeführt.

In der medizinischen Mikrobiologie wurden in den letzten Jahren durch die Erfolge der Chemotherapie interessante Tatsachen über die „Gewöhnung" pathogener Mikroorganismen an die Medikamente bekannt. Diese Erscheinung erschwert die Antibiotica-Therapie und zwingt, neue Wege zur Vernichtung pathogener Mikroben im Organismus zu suchen. Es wurde ein neuer Terminus „Heilmittel-Resistenz" eingeführt (Wygodtschikow, 1950, S. 42).

Offensichtlich assimilieren die Mikroorganismen diese Stoffe während der „Gewöhnung", was eine Veränderung ihres Stoffwechsels und das Auftreten neuer Formen zur Folge hat. Diese Formen sind nicht nur gegen die giftigen Verbindungen resistent, sondern manche benötigen sie sogar als unentbehrliche Lebensfaktoren. Interessante Ergebnisse erzielte O. B. Natalina (1940) bei der Untersuchung des Stoffwechsels von *Gloeosporium ribis*, des Erregers der Blattfallkrankheit der Johannisbeere. Er befällt verschiedene Johannisbeerarten. Daß der Pilz sich auf die Wirtspflanzen spezialisiert, wird nicht von allen Phytopathologen anerkannt. O. B. Natalina isolierte *G. ribis* von der Stachelbeere und der roten und schwarzen Johannisbeere. Dabei ergab sich, daß die Isolate von verschiedenen Pflanzen in Reinkultur Unterschiede in Morphologie und Wuchsfreudigkeit aufwiesen. Unterschiede traten auch bei Kreuzinfektionen mit Ascosporen und Konidien auf; es wurden nur die Johannisbeerarten befallen, von denen das zur Infektion verwendete Material stammte. Johannisbeerblätter enthalten Gerbstoffe, und man beobachtete eine gewisse Abhängigkeit zwischen Gerbstoffgehalt und Sortenresistenz, wie O. B. Natalina nachgewiesen hat (Tab. 37). Von den untersuchten drei Johannisbeerarten hatten die Blätter der roten Johannisbeere den geringsten Gerbstoffgehalt, die von *Ribes diacantha* den größten und die der schwarzen Johannisbeere einen mittleren. Die Sorten der roten Johannisbeere wurden kaum befallen. Mit steigendem Gerbstoffgehalt sank die Resistenz. Bei der schwarzen Johannisbeere dagegen stieg die Resistenz mit dem Gerbstoffgehalt. Versuche zur Ernährungsphysiologie des Pilzes bewiesen den Zusammenhang von Sortenresistenz und Gerbstoffgehalt. Tannin im Nährboden (Mohrrüben-Agar) bis zu einer Konzentration von 0,01% stimuliert das Pilzwachstum. Die Mycelmasse des Pilzes von der roten Johannisbeere erhöhte sich um 34,9% und die des Pilzes von der Stachelbeere um 21,5%. Höhere Tannin-

Tabelle 37. Gerbstoffgehalt der Blätter von Johannisbeersorten verschiedener Resistenz gegen Blattfallkrankheit

Art und Sorte	Befall	Gerbstoffe (in % des Trockengewichts)
Rote Johannisbeere		
Tschulkowskaja	sehr schwach	0,201
Rote Holländische	schwach	0,261
Feja plodorodnaja	,,	0,234
Wersalskaja	stark	0,279
Kawkasskaja	sehr stark	0,327
Schwarze Johannisbeere		
Goliaf	schwach	0,566
Wischnewaja	,,	0,525
Boskopski welikan	mittel	0,416
Lija plodorodnaja	stark	0,455
Ribes diacantha	wird von *Gl. variabile* befallen	0,816

Konzentrationen unterdrückten das Wachstum aller Pilzformen, die Mycelien starben ab. Eine Pilzrasse von der schwarzen Johannisbeere wurde auf Grund ihrer Resistenz gegen hohe Tannin-Konzentrationen isoliert.

Nach alledem sind für den Erreger der Blattfallkrankheit der Johannisbeere die Gerbstoffe positive Faktoren, vielleicht sogar unentbehrlich. Bei niedrigen Konzentrationen fördern sie, bei hohen unterdrücken sie den Pilz und fördern das Auftreten neuer, gegen diese Konzentrationen resistenter Rassen.

Demnach ist die Bedeutung der Schutzstoffe (Antibiotica) für die Immunität der Pflanzen noch nicht geklärt. Weitere Forschungen sind notwendig. Hierzu muß man die Besonderheiten der Wirtspflanze, die Reaktion des Parasiten und seine Veränderungen in Betracht ziehen. Die antibiotischen Stoffe können den Parasiten abtöten oder unterdrücken; dieser kann sich an die Antibiotica „gewöhnen", sie assimilieren oder seinen Stoffwechsel verändern.

Der physiologische Zustand der Pflanze ist wichtig und bestimmt sogar häufig die Krankheitsresistenz. Manchmal dienen unbedeutende, kaum bemerkbare Veränderungen des Wirtsstoffwechsels als Stimulatoren für die Parasiten. In dieser Beziehung sind Parasiten gute Indikatoren für physiologische Vorgänge in der befallenen Pflanze. Alle für ihn günstigen Prozesse zusammen bilden die Voraussetzungen für die Entwicklung des Parasiten und somit der Krankheit. Er beeinflußt die Geschwindigkeit des pflanzlichen Stoffwechsels in einer für ihn günstigen Weise.

Deshalb ist der physiologische Zustand der kranken Pflanze in den ersten Stadien der Krankheit, z. B. während der Inkubationsperiode, entscheidend. In dieser Zeit ist zu erkennen, wodurch die Resistenz bestimmt wird. Wir wollen das an Beispielen erklären: *Botrytis* und *Sclerotinia* befallen Pflanzen, wenn sie aus irgendeinem Grunde geschwächt sind. In der geschwächten Pflanze ist die Assimilation herabgesetzt, finden Eiweiß- und Stärkeabbau statt und werden Vitamine freigesetzt. *Botrytis* und *Sclerotinia* siedeln sich auf der geschwächten Pflanze an und scheiden giftige Stoffwechselprodukte in die infizierten Gewebe ab. Infolgedessen ändert sich die Geschwindigkeit dieser Prozesse: Die Assimilation verläuft schneller, der Eiweißabbau wird stärker usw.

Phytophthora infestans entwickelt sich auf der Kulturkartoffel, wenn der Zuckergehalt der Zellen erhöht ist. Die Infektion mit *Phytophthora* beschleunigt Stärkeabbau und Zuckerbildung.

Der Getreiderost befällt die Pflanzen vorzugsweise, wenn sie stark assimilieren und aufbauen, wobei der Gehalt an einfachen Stickstoffverbindungen, z. B. Ammoniak, besonders gering ist. Im Anfangsstadium der Rosterkrankung nimmt die Assimilation des Blattes zu.

Der Erreger des Kartoffelkrebses (*Synchytrium endobioticum*) befällt junge, wachsende Organe. In den infizierten Organen werden Nährstoffe mobilisiert und zum Vegetationspunkt geleitet. Die Säurebildung wird verstärkt, dadurch wird der Zellsaft saurer als der älterer Organe. Man beobachtet Stärkeabbau und Anhäufung von Zuckern, Aminosäuren und organischen Säuren im Krebsgewebe. Das alles deutet auf eine Aktivierung des Stoffwechsels und die Ableitung der dabei entstehenden Stoffe in die Wucherungen.

Diese Beispiele unterstreichen das, was wir gesagt haben über die Aktivierung des Parasiten durch die Vorgänge, die in der gesunden Pflanze ablaufen und die Infektion begünstigen. Offensichtlich ist diese Abhängigkeit eine allgemeine Gesetzmäßigkeit, die möglicherweise auch für den tierischen Organismus gilt. Nach D. A. Speranski (1935) gibt es drei Möglichkeiten für den Parasiten, die Infektion bei Mensch und Tier zu beeinflussen:

1. Der Parasit ist die eigentliche Ursache des pathologischen Prozesses (Pest, Rotz, sibirisches Geschwür usw.). 2. Er tritt als Katalysator auf, d. h. er begünstigt den Ablauf einer bereits eingeleiteten Veränderung. 3. Er siedelt sich in Geweben an, deren biologischer Zustand sich günstig für seine Entwicklung veränderte. Die beiden letzten Möglichkeiten ähneln der Wirkungsweise parasitärer Krankheitserreger im pflanzlichen Organismus.

Die Aufklärung der Vorgänge, die die Infektionsanfälligkeit der Pflanze bestimmen, sollte nach unserer Ansicht bei physiologischen Untersuchungen der Immunität im Mittelpunkt der Aufmerksamkeit stehen. Die Klärung ihrer physiologischen Grundlage öffnet neue Möglichkeiten, diese wichtige Eigenschaft des pflanzlichen Organismus zu beeinflussen.

SCHLUSSWORT

Die Immunität der Pflanzen gegen Infektionskrankheiten tritt in zwei Formen auf: als passive und als aktive Immunität. Bei der passiven Immunität verhindern morphologische und physiologische Eigenschaften der Pflanze das Eindringen und die Entwicklung des Parasiten. Bei der aktiven Immunität reagiert die Pflanze auf das Eindringen des Parasiten so, daß dieser sich nicht entwickeln kann.

In den letzten Jahren wurden bei Untersuchungen der pflanzlichen Immunität Schutzstoffen und Antibiotica große Aufmerksamkeit geschenkt. Diese Stoffe betrachten wir dann als Faktoren der passiven Immunität, wenn sie sich bei Infektion der Pflanze für die Parasiten mehr oder weniger giftig erweisen. Von solchen Stoffen werden gegenwärtig verschiedene phenolische Verbindungen, Anthocyane, Gerbstoffe und Phytonzide untersucht. Man muß jedoch dabei die relativ schnelle „Gewöhnung" der Mikroorganismen an die Antibiotica in Betracht ziehen und die Möglichkeit, daß sich Formen herausbilden, die diese Stoffe als neue, zusätzliche Ernährungsfaktoren benötigen. Wir glauben, daß die Untersuchungen der Antibiotica und ihrer Beziehungen zu parasitären Mikroorganismen uns eine der Ursachen des schnellen Formenwandels von Parasiten klären hilft. Bei der Erforschung anderer Faktoren der passiven Immunität muß man im Auge behalten, daß sie unter Umständen, statt den Parasiten zu hemmen, die Erkrankung fördern können. Die Cuticula zum Beispiel, allgemein ein Schutz gegen Infektionen, wird zu den Faktoren der passiven Immunität gerechnet; beim Kartoffelkrebs dagegen fördert sie das Eindringen des Erregers (*Synchytrium endobioticum*) in die Pflanze.

Zu den Faktoren der aktiven Immunität zählen wir die Reaktionen der Pflanze auf das Eindringen des Parasiten, die seine Entwicklung hemmen oder unterdrücken. Die am besten erforschten Reaktionen sind das Absterben der infizierten Zellen (Schutznekrose) und die Stimulation des Wachstums in den infizierten Geweben. Die Schutznekrose verhindert Erkrankungen durch obligate und hochspezialisierte Parasiten. Die Wachstumsstimulation ist eine Schutzreaktion gegen Erkrankungen durch fakultative Parasiten. Für beide Reaktionen geben wir eine experimentell gestützte physiologische Analyse.

Die Untersuchungen der Wechselbeziehungen zwischen Parasiten und Pflanze lassen die entscheidende Bedeutung des Stoffwechsels der Pflanze für die Immunität erkennen. Als ein an den Stoffwechsel seiner Wirtspflanze angepaßter Organismus verändert der Parasit die Intensität der Stoffwechselerscheinungen, die seine Entwicklung in der Pflanze bestimmen.

Deshalb nehmen wir an, daß die Untersuchung der Physiologie der kranken Pflanze in den ersten Phasen der Erkrankung die Ursachen der Anfälligkeit und der Resistenz zu erkennen gestattet.

Die Physiologie des Parasiten entspricht seiner Anpassung an den Stoffwechsel der Wirtspflanze. Die Parasiten werden gekennzeichnet durch eine geringe, nach außen abgeschiedene Menge von Fermenten (Exofermenten), durch die geringe Giftigkeit ihrer Ausscheidungen für die Wirtspflanze und durch die Spezifität ihrer Wirkung, deren Natur noch weitgehend unbekannt ist.

LITERATURVERZEICHNIS

Альтергот, В. Ф., О причинах гибели растения при высоких температурах (ALTERGOT, W. F., Über die Ursachen des Todes der Pflanzen bei hohen Temperaturen). Изв. АН СССР (Mitt. Akad. Wiss. UdSSR), Serie Biologie Nr. 1, 1936.

Альтергот, В. Ф., Дальнейшее исследование явления автомикофагии (ALTERGOT, W. F., Weitere Untersuchungen zur Erscheinung der Automykophagie). Докл. АН СССР (Ber. Akad. Wiss. UdSSR) **24**, Nr. 4, 1939.

Архангельская, Н. С., Влияние микроэлементов на картофель (ARCHANGELSKAJA, N. S., Der Einfluß von Mikroelementen auf die Kartoffel) Тр. Ин-та физиол. раст. им. К. А. Тимирязева АН СССР (Arbeiten des K.-A.-Timirjasew-Institutes f. Pflanzenphysiol. der Akad. Wiss. UdSSR) **6**, Nr. 2, 1949.

Бабаян, А. А., Киракосян, А. В., Бежанян, Н. И., Материалы по изучению гоммоза хлопчатника (BABAJAN, A. A., KIRAKOSSJAN, A. W. und BESHANJAN, N. I., Materialien zur Untersuchung der Gummose der Baumwolle). Закавказск. научно-иссл. хлопк. ин-т. (Transkaukas. Wiss. Forschungsinst. Baumwolle) Tiflis 1936.

Баранецкий, О. В., О периодичности плача травянистых растений и причинах этой периодичности (BARANEZKI, O. W., Über die Periodizität des Blutens krautiger Pflanzen und die Ursachen dieser Periodizität). St. Petersburg 1872.

Де Бари, А., О болезни картофеля (DE BARY, A., Über die Kartoffelkrankheiten). Übersetzung von A. N. Beketow, St. Petersburg 1862.

Благовещенский, А. В., Биохимические основы эволюционного процесса у растений (BLAGOWESTSCHENSKI, A. W., Die biochemischen Grundlagen des Evolutionsprozesses der Pflanzen). Изд-во АН СССР (Verlag Akad. Wiss. UdSSR) 1950.

Бондарцев, А. С., Болезни культурных растений (BONDARZEW, A. S., Die Krankheiten der Kulturpflanzen). Сельхозгиз (Staatl. Verlag Landwirtschaft) 1931.

Буткевич, В. С., Регрессивный метаморфоз белковых веществ в высших растениях и участие в нем протеолитического фермента (BUTKEWITSCH, W. S., Die regressive Metamorphose von Eiweißstoffen bei höheren Pflanzen und die Beteiligung von proteolytischen Fermenten). Moskau 1904.

Буткевич, В. С., Аммиак, как продукт превращения белковых веществ плесневыми грибами, и условия его образования (BUTKEWITSCH, W. S., Ammoniak als Umwandlungsprodukt von Eiweißstoffen durch Schimmelpilze und die Bedingungen seiner Entstehung). K. A. Timirjasew gewidmeter Sammelband, Moskau 1916.

Вавилов, Н. И., Иммунитет растений к инфекционным заболеваниям (WAWILOW, N. I., Die Immunität der Pflanzen gegen Infektionskrankheiten). Изв. Петровск. с.-х. акад. (Mitt. Petrowsk. Akad. Landw.) Nr. 1—4, Moskau 1919.

Вердеревский, Д. Д., Гоммоз хлопчатника (WERDEREWSKI, D. D., Die Gummose der Baumwolle). Всес. научно-иссл. хлопк. ин-т. (Wiss. Forschungsinst. Baumwolle) Taschkent 1937.

Вердеревский, Д. Д., Меры борьбы с гоммозом хлопчатника (WERDEREWSKI, D. D., Bekämpfungsmaßnahmen gegen die Baumwollgummose). Госиздат Узб. ССР (Staatl. Verlag Usbek. SSR) Taschkent 1938.

Вернадский, В. И., Очерки геохимии (WERNADSKI, W. I., Abriß der Geochemie). Госиздат (Staatsverlag) 1927.

Вернер, А. Р. и Альтергот, В. Ф., О явлении микофагии (WERNER, A. R. und ALTERGOT, W. F., Über die Mykophagie). Докл. АН СССР (Ber. Akad. Wiss. UdSSR) **15**, Nr. 4. 1937.

Вернер, А. Р. и Клинг, Е. Г., К иммунитету плодов. Причины устойчивости плодов арбуза к „черной гнили" (WERNER, A. R. und KLING, E. G., Zur Immunität der Früchte. Die Ursachen der Resistenz der Arbuse gegen die „Schwarzfäule"). Тр. Комиссии по ирригации АН СССР (Arbeiten der Akad. Wiss. UdSSR, Kommission für künstliche Bewässerung) Nr. 3, 1934.

Вернер, А. и Тюрина, А., Сравнительное исследование потребности грибов в В-веществах (WERNER, A. und TJURINA, A., Vergleichende Untersuchungen über die Ansprüche von Pilzen an W-Stoffe). Докл. АН СССР (Ber. Akad. Wiss. UdSSR) **23**, 279, 1939.

Воронин, М., Сообщение об истории развития гриба, причиняющего болезнь ягод брусничных растений, и об аналогичных явлениях у некоторых других растений (WORONIN, M., Mitteilung über die Entwicklungsgeschichte eines Pilzes, der eine Krankheit der Preiselbeeren verursacht und über analoge Erscheinungen bei einigen anderen Pflanzen). Тр. СПб. о-ва естествоисп. (Arbeiten d. Petersburger Gesellschaft d. Naturf.), **17**, 1886.

Воронихин, Н. Н., Грибные и бактериальные болезни цитрусов (WORONICHIN, N. N., Pilzliche und bakterielle Krankheiten der *Citrus*-Gewächse). Изд-во АН СССР (Verlag Akad. Wiss. UdSSR) 1937.

Вотчал, А. Е., Значение витамина для жизни растения (WOTTSCHAL, A. E., Die Bedeutung der Vitamine für das Leben der Pflanzen). Kasan 1920.

Выгодчиков, Г. В., Микробиология и иммунология стафилококковых заболеваний (WYGODTSCHIKOW, G. W., Mikrobiologie und Immunologie der durch Staphylokokken verursachten Krankheiten). Медгиз (Staatl. Verlag Medizin) 1950.

Гаврилов, К. И., О динамике веществ роста группы „В" в растениях (GAWRILOW, K. I., Über die Dynamik der Wuchsstoffe der Gruppe „W" in den Pflanzen). Докл. АН СССР (Ber. Akad. Wiss. UdSSR) **22**, Nr. 6, 368 und **23**, Nr. 8, 724, 1939.

Георгобиани, М. А. и Митрофанов, П. И., Главнейшие вредители и болезни цитрусовых культур Абхазской АССР и меры борьбы с ними (GEORGOBIANI, M. A. und MITROFANOW, P. I., Die wichtigsten Schädlinge und Krankheiten der *Citrus*-Kulturen und ihre Bekämpfung in der Abchask. ASSR). Suchumi 1949.

Гречушников, А. И., Токсины ржавчины (*Puccinia*) (GRETSCHUSCHNIKOW, A. I., Die Toxine des Rostpilzes [*Puccinia*]). Докл. АН СССР (Ber. Akad. Wiss. UdSSR) **2**, Nr. 8, 1936a.

Гречушников, А. И., Физиология инкубационного периода при заражении ржавчиной (GRETSCHUSCHNIKOW, A. I., Die Physiologie der Inkubationsperiode bei Rost-Infektionen). Докл. АН СССР (Ber. Akad. Wiss. UdSSR) **2**, Nr. 6, 1936b.

Гречушников, А. И., Значение систоамилазы в иммунитете к фитофторе (GRETSCHUSCHNIKOW, A. I., Die Bedeutung der Systoamylase für die Immunität gegen *Phytophthora*). Sammelband z. Gedenken an W. N. Ljubimenko. Изд-во АН УССР (Verlag Akad. Wiss. Ukrain. SSR) Kiew 1938.

Гречушников, А. И., Значение пероксидазы в иммунитете *Phytophthora infestans* de Bary (GRETSCHUSCHNIKOW, A. I., Die Bedeutung der Peroxydase für die Immunität gegen *Phytophthora infestans*). Докл. АН СССР (Ber. Akad. Wiss. UdSSR) **25**, Nr. 8, 1939.

Гречушников, А. И., Токсины гриба *Synchytrium endobioticum* (Schilb.) Percival — возбудителя рака картофеля (GRETSCHUSCHNIKOW, A. I., Die Toxine des Pilzes *Synchytrium endobioticum* (Schilb.) Percival — des Erregers des Kartoffelkrebses). Тр. Ин-та физиол. раст. им. К. А. Тимирязева АН СССР (Arbeiten des K.-A.-Timirjasew-Institutes f. Pflanzenphysiol. der Akad. Wiss. UdSSR) **6**, Nr. 2, 1949.

Гречушников, А. И. и Климова, З. С., Влияние предварительных охлаждений картофеля на его устойчивость к *Phytophthora infestans* de Bary (GRETSCHUSCHNIKOW, A. I. und KLIMOWA, S. S., Der Einfluß einer vorherigen Abkühlung der Kartoffeln auf ihre Resistenz gegen *Phytophthora infestans*). Вестн. по овощеводству и картофелю (Bote der Gemüse und Kartoffelwirtschaft) Nr. 2, 1940.

Гречушников, А. И. и Яковлева, Н. Н., Углеводный обмен в раковом наросте у картофеля (GRETSCHUSCHNIKOW, A. I. und JAKOWLEWA, N. N., Der Kohlenhydrat-Stoffwechsel in Krebswucherungen der Kartoffel). Докл. АН СССР (Ber. Akad. Wiss. UdSSR) **76**, Nr. 2, 1951.

Григорян, Н. Ф., Анатомическое строение сортов хлопчатника в связи с их устойчивостью против вилта (GRIGORJAN, N. F., Der anatomische Bau der Baumwollsorten in Verbindung mit ihrer Welkeresistenz). Сб. тр. по защите растений, вып. 2 (Sammelbd. Pfl.schutz, Nr. 2. Arm. Wiss. Forschungsinst. techn. Kulturen). Арм. научно-иссл. ин-т техн. культур, Армгиз, Erewan 1949.

Дорохова, Н. А., Сравнительное изучение физиологии питания грибов *Phytophthora infestans* de Barry и *Pythium de baryanum* Hesse (DOROCHOWA, N. A., Vergleichende Untersuchungen der Ernährungsphysiologie der Pilze *Phytophthora infestans* de Bary und *Pythium de baryanum* Hesse). Тр. Ин-та физиол. раст. им. К. А. Тимирязева АН СССР (Arbeiten des K.-A.-Timirjasew-Institutes f. Pflanzenphysiol. der Akad. Wiss. UdSSR) **3**, Nr. 1, 1940.

Еленев, П. Ф., Культурно-хозяйственные мероприятия борьбы с выпреванием озимых хлебов (ELENEW, P. F., Kultur- und Wirtschaftsmaßnahmen zur Bekämpfung des Ausfaulens des Wintergetreides). Защита растений (Pflanzenschutz), **3**, Nr. 1, 1926.

Жданова, Л. П., Изменение в содержании дополнительных ростовых веществ в связи с яровизацией и фотопериодизмом растений (SHDANOWA, L. P., Veränderungen im Wuchsstoffgehalt in Verbindung mit der Jarowisation und dem Photoperiodismus der Pflanzen). Докл. АН СССР (Ber. Akad. Wiss. UdSSR) **32**, Nr. 8, 1941.

Жуковский, П. М., Культурные растения и их дикие сородичи (SHUKOWSKI, P. M., Die Kulturpflanzen und ihre Wildformen). Изд-во „Сов. наука" (Verlag „Sowj. Wissenschaft") 1950.

Иванов, Н. Н., Методы физиологии и биохимии растений (IWANOW, N. N., Methoden der Pflanzen-Physiologie und -Biochemie). Сельхозгиз (Staatl. Verlag Landw.) 1946.

Иванова-Паройская, М. И., Нектаровыделение и скороспелость хлопчатника. Тр. Ин-та бот. и зоол. (IWANOWA-PAROISKAJA, M. I., Nektarabsonderung und Notreife der Baumwolle. Arbeiten des Instituts f. Botanik und Zoologie, Nr. 3). Изд-во АН Узб. ССР (Verlag Akad. Wiss. Usbek. SSR) Taschkent 1950.

Ивановский, Д. И., Физиология растений (IWANOWSKI, D. I., Pflanzenphysiologie). Charkow-Rostow a. Don 1917—1919.

Иерусалимский, Н. Д., Ростовые вещества микробов, их природа и значение в жизни микроорганизмов (JERUSALIMSKI, N. D., Wuchsstoffe der Mikroben, ihre Natur und Bedeutung im Leben der Mikroorganismen). Микробиология (Mikrobiologie) **9**, 740, 1940.

Иерусалимский, Н. Д., Новые данные по ростовым веществам микробов (JERUSALIMSKI, N. D., Neue Angaben zu den Wuchsstoffen der Mikroben). Микробиология (Mikrobiologie) **16**, 255, 1947.

Иерусалимский, Н. Д., Азотное и витаминное питание микробов (JERUSALIMSKI, N. D., Stickstoff- und Vitamin-Ernährung der Mikroben). Изд-во АН СССР (Verlag. Akad. Wiss. UdSSR) 1949.

Иост, Л., Физиология растений (JOST, L., Pflanzenphysiologie), Übersetzung und Redaktion von A. A. Richter. St. Petersburg 1914.

Капустинский, А. Ф., Иммунитет пигментированных растений и антибиотики (KAPUSTINSKI, A. F., Die Immunität pigmentierter Pflanzen und die Antibiotica). Успехи совр. биологии (Fortschr. gegenwärt. Biol.) **29**, Nr. 3, 1950.

Каргополова, Н. Н., Фенольные соединения пшеницы в связи с их устойчивостью к *Puccinia triticina* (Kargopolawa, N. N., Die Phenolverbindungen der Weizen in Verbindung mit der Resistenz gegen *Puccinia triticina*). Итоги научно-исследовательской работы Всес. ин-та защиты растений за 1935 г (Ergebnisse d. wiss. Arbeiten d. Allunions-Inst. f. Pflanzenschutz, 1935) 1936.

Клинг, Е. Г., Анатомическое исследование сортов хлопчатника в связи с устойчивостью к вильту (KLING, E. G., Anatomische Untersuchung von Baumwollsorten in Verbindung mit der Welkeresistenz). Тр. Ин-та физиол. раст. им. К. А. Тимирязева АН СССР (Arbeiten des K.-A.-Timirjasew-Institutes der Akad. Wiss. UdSSR) **2**, Nr. 1; Сов. хлопок (Sowj. Baumwolle) Nr. 7, 1938.

Клинг, Е. Г. и Силева, М. Н., К особенностям обмена веществ в старых листьях (KLING, E. G. und SILEWA, M. N., Zu Besonderheiten des Stoffwechsels alter Blätter). Бюлл. Гл. бот. сада АН СССР (Bull. Bot. Gart. der Akad. Wiss. UdSSR) Nr. 7, 1950.

Кокин, А. Я., Физиологические и анатомические исследования больного растения (KOKIN, A. J., Physiologische und anatomische Untersuchung der kranken Pflanze). Госиздат Карело-Финской ССР (Staatsverlag Karelo-Finn. SSR) Petrosawodsk 1948.

Коникова, А. С., Крицман, М. Г. и Юхновская, О. П., Действие биотина на скорость включения аминокислот в белки органов и тканей (KONIKOWA, A. S., KRIZMAN, M. G. und JUCHOWSKAJA, O. P., Die Wirkung von Biotin auf die Geschwindigkeit des Einbaus von Aminosäuren in die Eiweiße von Organen und Geweben). Докл. АН СССР (Ber. Akad. Wiss. UdSSR) **75**, Nr. 1, 1950.

Костычев, С. П., Физиолого-химические исследования над дыханием растений (KOSTYTSCHEW, S. P., Physiologisch-chemische Untersuchungen über die Atmung der Pflanzen). Jurew 1910.

Костычев, С. П., Физиология растений (KOSTYTSCHEW, S. P., Pflanzenphysiologie), Redaktion v. S. D. Lwow. Сельхозгиз (Staatl. Verlag Landw.) 1937.

Красильников, Н. А. и Никитина, Н. И., Влияние продуктов жизнедеятельности бактерий на активность антибиотиков (KRASSILNIKOW, N. A. und NIKITINA, N. I., Einfluß von Stoffwechselprodukten der Bakterien auf die Aktivität der Antibiotica). Микробиология (Mikrobiologie) **20**, Nr. 3, 1951.

Кудрявцева, М. А., Биохимическое изучение белков как показателей степени устойчивости растений к заболеваниям (KUDRJAWZEWA, M. A., Biochemische Untersuchung der Eiweiße als Maß für die Krankheitsresistenz der Pflanzen). Итоги научноисследовательской работы Всес. ин-та защиты растений за 1936 г (Ergebnisse d. wiss. Arbeiten d. Allunions-Inst. f. Pflanzenschutz, 1936) 1938.

Купревич, В. Ф., О происхождении и эволюции паразитизма у грибов (KUPREWITSCH, W. F., Über Entstehung und Evolution des Parasitismus bei Pilzen). Сов. Бот. (Sowjet. Bot.) Nr. 5/6, 270—287, 1940a.

Купревич, В. Ф., Физиологическое исследование „почернения мякоти" (black heart) клубней картофеля (KUPREWITSCH, W. F., Physiologische Untersuchung über die „Schwarzherzigkeit" der Kartoffel). Изв. АН БССР, Отд. ест. наук (Mitt. Akad. Wiss. Beloruss. USSR, Abt. Naturw.) Nr. 3, 1940b.

Купревич, В. Ф., Физиология больного растения (KUPREWITSCH, W. F., Die Physiologie der kranken Pflanze). Изд-во АН СССР (Verlag Akad. Wiss. UdSSR) 1947.

Курсанов, А. Л., Применение метода вакуум-инфильтрации для количественного определения синтезирующего и гидролизующего действия инвертазы в живых растительных тканях (KURSANOW, A. L., Anwendung der Vakuum-Infiltration zur quantitativen Bestimmung der synthetisierenden und hydrolysierenden Wirkung von Invertase in lebenden pflanzlichen Geweben). Биохимия (Biochemie) **1**, Nr. 3, 269, 1936.

Курсанов, А. Л., Действие ферментов в живой клетке. (Kursanow, A. L., Wirkung der Fermente in der lebenden Zelle) Sammelband „Fermente". Изд-во АН СССР (Verlag Akad. Wiss. UdSSR) 1940.

Курсанов, А. Л., Адсорбция ферментов тканями высших растений (Kursanow, A. L., Adsorption der Fermente durch die Gewebe der höheren Pflanze). Биохимия (Biochemie) **11**, Nr. 4, 333, 1946.

Курсанов, А. Л., Исаева, Е. В. и Потапенко, В. Н., К вопросу о физиологическом значении адсорбции ферментов тканями растений (Kursanow, A. L., Issaewa, E. W. und Potapenko, W. N., Zur Frage nach der physiologischen Bedeutung der Fermentadsorption durch die pflanzlichen Gewebe). Ebenda **11**, Nr. 5, 401, 1946.

Курсанов, Л. И., Микология (Kursanow, L. I., Mykologie). Moskau 1940.

Лагазидзе, Г. И., К экологии гоммоза хлопчатника (*Bact. malvacearum*) в Азербайджане (Lagasidse, G. I., Zur Ökologie der Gummose der Baumwolle (*Bact. malvacearum*) in Aserbaidshan). Тр. Азерб. научно-иссл. ин-та землед. (Arbeiten d. Aserb. Wiss. Forsch.-Inst. f. Ackerbau) Baku 1950, Nr. 57.

Лепешинская, О. Б., Происхождение клеток из живого вещества и роль живого вещества в организме (Lepeschinskaja, O. B., Entstehung von Zellen aus lebender Materie und die Rolle der lebenden Materie im Organismus). АМН СССР (AMN UdSSR) 2. Aufl. 1950.

Львов, С. Д., Основные направления в историческом развитии учения о дыхании растений (Lwow, S. D., Die grundlegenden Richtungen in der historischen Entwicklung der Lehre von der Atmung der Pflanzen). 8. Vorlesung Timirjasews. Изд-во АН СССР (Verlag Akad. Wiss. UdSSR) 1950.

Любименко, В. Н., Фотосинтез и хемосинтез в растительном мире. (Ljubimenko, W. N., Photosynthese und Chemosynthese in der Pflanzenwelt). Сельхозгиз (Staatl. Verlag Landw.) 1935.

Медвинская, Л. Ю., Синтез биоса *Bact. Schüzenbachi* (Medwinskaja, L. J., Die Biosynthese bei *Bact. Schüzenbachi*). Микробиология (Mikrobiologie) **16**, 235, 1947.

Мейсель, М. Н., Особенности активирующего действия никотиновой кислоты на микробную клетку (Meisel, M. N., Die Besonderheiten der aktivierenden Wirkung der Nicotinsäure auf die Mikrobenzelle). Докл. АН СССР (Ber. Akad. Wiss. UdSSR) **58**, Nr. 1, 135, 1947.

Мейсель, М. Н., Витамины и микроорганизмы (Meisel, M. N., Vitamine und Mikroorganismen). Успехи биол. хим (Fortschritte Biol. Chemie) **1**, 1951.

Мейсель, М.Н. и Трофимова, Н. П. Об использовании микроорганизмами летучих биокаталитических веществ (Meisel, M. N. und Trofimowa, N. P., Über die Ausnutzung flüchtiger, biokatalytischer Stoffe durch Mikroorganismen). Докл. АН СССР (Ber. Akad. Wiss. UdSSR) **53**, Nr. 6, 577, 1946.

Мечников, И. И., Лекция о сравнительной патологии воспаления (Metschnikow, I. I., Vorlesung über die vergleichende Pathologie der Entzündungen). Ausgabe v. Ricker, St. Petersburg 1892.

Мечников, И. И., Невосприимчивость в инфекционных заболеваниях (Metschnikow, I. I., Unempfänglichkeit gegen Infektionskrankheiten). **1**, 2. Auflage, Медгиз (Staatl. Verlag Medizin) 1947.

Миронов, К. М., Причины затяжной мочки кенафа и способы ее устранения (Mironow, K. M., Ursachen der verzögerten Röste beim Flachs und Methoden ihrer Beseitigung). Лубяные культуры (Bast-Kulturen), Сельхозгиз (Staatl. Verlag Landw.) 1950a.

Миронов, К. М., Поражение кенафа грибами и их влияние на процесс мочки и качество волокна (Mironow, K. M., Pilzinfektion des Flachses und ihr Einfluß auf den Röstprozeß und die Qualität der Faser). Ebenda 1950b.

Могилев, Л. М. и. Ряховский, Н. А., Сорта чечевицы, устойчивые к увяданию (Mogilew, L. M. und Rjachowski, N. A., Eine welkeresistente Linsensorte). Защита растений (Pflanzenschutz) Nr. 14, 1937.

Натальина, О. Б., Антракноз ягодных культур (Natalina, O. B., Die Anthraknose der Beerenkulturen). Тр. Ин-та физиол. раст. им. К. А. Тимирязева АН СССР (Arbeiten des K.-A.-Timirjasew-Institutes f. Pflanzenphysiol. der Akad. Wiss. UdSSR) 3, Nr. 1, 1940.

Наумов, Н. А., Общий курс фитопатологии (Naumow, N. A., Lehrbuch der allgemeinen Phytopathologie). Госиздат (Staatsverlag) 1926.

Наумов, Н. А., Методы микологических и фитопатологических исследований (Naumow, N. A., Mykologische und phytopathologische Untersuchungsmethoden). Сельхозгиз (Staatl. Verlag Landw.) 1937.

Наумов, Н. А., Рак картофеля (Naumow, N. A., Kartoffelkrebs). Сельхозгиз (Staatl. Verlag Landw.) 1940.

Овчаров, К. Е., Образование тиомчевины грибами (Owtscharow, K. E., Die Bildung von Thioharnstoff durch Pilze). Докл. АН СССР (Ber. Akad. Wiss. UdSSR) 16, Nr. 9, 1937.

Овчаров, К. Е., Влияние продуктов выделения патогенных грубов на растения (Owtscharow, K. E., Der Einfluß von Ausscheidungsprodukten pathologischer Pilze auf die Pflanze). Sammelband wiss. Arb. v. Komsomol-Biol., Изд-во АН СССР (Verlag Akad. Wiss. UdSSR) 1940.

Окнина, Е. З., Вертициллез хлопчатника (Oknina, E. S., Die Verticillose der Baumwolle). Тр. Ин-та физиол. раст. им. К. А. Тимирязева АН СССР (Arbeiten des K.-A.-Timirjasew-Institutes f. Pflanzenphysiol.) 2, Nr. 1; Сов. хлопок (Sowj. Baumwolle) Nr. 7, 1937.

Окунцов, М. М., Влияние меди на состояние хлорофилля и старение растений (Okunzow, M. M., Der Einfluß von Kupfer auf den Chlorophyllgehalt und das Altern der Pflanzen). Докл. АН СССР (Ber. Akad. Wiss. UdSSR) 54, Nr. 9, 1946.

Окунцов, М. М., Применение медных удобрений для сельскохозяйственного освоения торфяно-болотных почв Нарыма (Okunzow, M. M., Kupferdüngung bei der landwirtschaftlichen Nutzung der Torf-Moor-Böden von Narym). Тр. Томск. ун-та. (Arbeiten der Univ. Tomsk) 114, 119, 1951.

Окунцов, М. М. и Елисеева, В. М., Причины непродуктивности некоторых торфянисто-болотных почв в Сибири (Okunzow, M. M. und Jelisejewa, W. M., Ursachen der Unfruchtbarkeit einiger Torf-Moor-Böden in Sibirien). Уч. зап. Томск. ун-та. (Wiss. Aufzeichnungen d. Univers. Tomsk) Nr. 10, 1948.

Опарин, А. И., Возникновение жизни на земле (OPARIN, A. I., Die Entstehung des Lebens auf der Erde). Биомедгиз (Staatl. Verlag Biol. Mediz.) 1936.

Опарин, А. И. и Евреинова, Т. Н., Образование мальтозы при действии на глюкозо-l-фосфат фосфорилазы и амилазы (OPARIN, A. I. und JEWREINOWA, T. N., Entstehung von Maltose unter der Einwirkung von Phosphorylase und Amylase auf Glucose-1-phosphat). Докл. АН СССР (Ber. Akad. Wiss. UdSSR) **58**, Nr. 9, 1947.

Палладин, В. И., Работа ферментов в живых и убитых растениях (PALLADIN, W. I., Die Wirkung von Fermenten in lebenden und abgetöteten Pflanzen). Библиотека натуралиста, изд. Панафидиной (Bibliothek Naturw., Verlag Panafidina) St. Petersburg-Moskau 1913.

Палладин, В. И., Физиология растений (PALLADIN, W. I., Pflanzenphysiologie). 9. Ausg. (Nachlaß) Госиздат (Staatsverlag) 1924.

Палладин, В. И., Александров, В. Г., Иванов, Н. Н. и Левицкая, А. Н., Влияние различных окислителей на работу протеолитического фермента (PALLADIN, W. I. ALEXANDROW, W. G., IWANOW, N. N. und LEWITZKAJA, A. N., Der Einfluß verschiedener Oxydationsmittel auf die Wirkung eines proteolytischen Fermentes). Изв. АН (Mitt. Akad. Wiss.) **6**, 677, 1912.

Палладин, В. И. и Манская, С. М., Свободная и соединенная с протопластами пероксидаза (PALLADIN, W. I. und MANSKAJA, S. M., Freie und an das Plasma gebundene Peroxydase). Изв. АН (Mitt. Akad. Wiss.) **15**, 449, 1921.

Первухина, Н. В., К физиологии некоторых видов рода *Fusarium* на пшенице (PERWUCHINA, N. W., Zur Physiologie einiger Arten der Gattung *Fusarium* auf Weizen). Защита растений (Pflanzenschutz) Nr. 16, 1938.

Пилат, М. В., Проницаемость хитина насекомых для энтомофитных грибов (PILAT, M. W., Das Durchdringungsvermögen entomophiler Pilze durch das Chitin von Insekten). Итоги научно-иссл. работы Всес. ин-та защиты растений за 1936 г. (Ergebnisse d. wiss. Arbeiten d. Allunions-Inst. f. Pflanzenschutz, 1936) Сельхозгиз (Staatl. Verlag Landw.) 1938.

Поляков, И. М., О некоторых условиях развития пыльцы в тканях пестика (POLJAKOW, I. M., Über Bedingungen der Pollenentwicklung im Griffelgewebe). Докл. АН СССР (Ber. Akad. Wiss. UdSSR) **69**, Nr. 5, 1949.

Потлайчук, В. И., Биологическая специализация возбудителя рака картофеля (POTLAITSCHUK, W. I., Biologische Spezialisierung des Kartoffelkrebs-Erregers). Селекция и семеноводство (Züchtung und Samenbau) Nr. 2, 1951.

Прокошев, С. М., Биохимия картофеля (PROKOSCHEW, S. M., Biochemie der Kartoffel). Изд-во АН СССР (Verlag Akad. Wiss. UdSSR) 1947.

Прянишников, Д. Н., Аммиак, как альфа и омега обмена азотистых веществ в растении (PRJANISCHNIKOW, D. N., Ammoniak als A und O des Stickstoff-Haushalts in Pflanzen) Sammelband K. A. Timirjasew gewidmet. Moskau 1916.

Прянишников, Д. Н., Азот в жизни растений и в земледелии СССР (PRJANISCHNIKOW, D. N., Der Stickstoff im Leben der Pflanze und im Ackerbau der UdSSR). Изд-во АН СССР (Verlag Akad. Wiss. UdSSR) 1945.

Райлло, А. И., Грибы рода фузариум (RAILLO, A. I., Die Pilze der Gattung *Fusarium*). Сельхозгиз (Staatl. Verlag Landw.) 1950.

Ракитин, Ю. В. и Ярковая, Л. М., Распределение биоса в листьях пуэрарии и винограда (Rakitin, J. W. und Jarkowaja, L. M., Die Spaltung von Bios in den Blättern von *Pueraria*-Arten und Wein). Докл. АН СССР (Ber. Akad. Wiss. UdSSR) **22**, Nr. 8, 528, 1939.

Рейнгард, В. Е., Хлопководство в новых районах (Reingard, W. E., Der Baumwollanbau in neuen Gebieten). Сельхозгиз (Staatl. Verlag Landw.) 1948.

Рихтер, А. А., К вопросу о механизме устьичного аппарата (Richter, A. A., Zur Frage über den Mechanismus des Spaltöffnungsapparates). Журн. Русск. бот. о-ва, (Journ. Russ. Bot. Ges.) **2**, 56—66, 1917.

Рихтер, А. А. и Гречушников, А. И., Физиология устьичного аппарата в свази с инфекцией (Richter, A. A. und Gretschuschnikow, A. I., Die Physiologie des Spaltöffnungsapparates in Verbindung mit Infektionen). Журн. опытной агрономии Юго-Востока (Journ. d. landw. Versuchsstat. d. Süd-Ostens) **7**, Nr. 2, 1929.

Рогач-Малютина, С. Н., *Sclerotinia Libertiana* Fuck в качестве вредителя подсолнечника (Rogatsch-Maljutina, S. N., *Sclerotinia Libertiana* Fuck als Schädling der Sonnenblume). Защита растений (Pflanzenschutz) **1**, Nr. 3 bis 5, 1924.

Сперанский, А. Д., Элементы построения теории медицины (Speranski, A. D., Grundzüge einer Theorie der Medizin). ВИЭМ (WIEM) 1935.

Строгонов, Б. П., Роль окислительных процессов в физиологическом иммунитете растений (Strogonow, B. P., Rolle der Oxydationsprozesse bei der physiologischen Immunität der Pflanzen). Sammelband wiss. Arb. v. Komsomol-Biol., Изд-во АН СССР (Verlag Akad. Wiss. UdSSR) 1940.

Сутулов, А. Н., Расщепление протеина (Sutulow, A. N., Proteinspaltung). Докл. АН СССР (Ber. Akad. Wiss. UdSSR) **53**, Nr. 4, 1946.

Сутулов, А. Н., Об окислительных реакциях в белке (Sutulow, A. N., Über Oxydationsreaktionen im Eiweiß). Уч. зап. Томск. ун-та. (Wiss. Aufzeichnungen d. Univ. Tomsk) Nr. 12, 1949.

Сухоруков, К. Т., Изучение признаков устойчивости сортов хлопчатника к вилту и гоммозу (Suchorukow, K. T., Untersuchung der Resistenzmerkmale von Baumwollsorten gegen Welke und Gummose). Тр. Ин-та физиол. раст. им. К. А. Тимирязева АН СССР (Arbeiten des K.-A.-Timirjasew-Inst. f. Pflanzenphysiol. der Akad. Wiss. UdSSR) **2**, Nr. 1, 1937.

Сухоруков, К. Т., Увядание или вилт хлопчатника (Suchorukow, K. T., Die Baumwollwelke). Ebenda **3**, Nr. 1, 1940.

Сухоруков, К. Т. и Большакова, Н. М., Свободный и связанный гормон клеточного деления в растениях (Suchorukow, K. T. und Bolschakowa, N. M., Ein freies und gebundenes Zellteilungshormon bei Pflanzen). Докл. АН СССР (Ber. Akad. Wiss. UdSSR) **53**, Nr. 5, 475, 1946.

Сухоруков, К. Т., Гербер, Э. Х., Барабанова, Г. П. и Бородулина, Н. А., К биохимии иммунитета у растений (Suchorukow, K. T., Gerber, E., Ch., Barabanowa, G. P. und Borodulina, N. A., Zur Biochemie der Immunität bei Pflanzen). Уч. зап. Сарат. ун-та (Wiss. Aufzeichnungen d. Univers. Saratow) **10**, Nr. 1, 1933.

Сухоруков, К. Т. и Зотова, Н. Т., Угнетение фотосинтеза вытяжками из старых листьев (SUCHORUKOW, K. T. und SOTOWA, N. T., Die Unterdrückung der Photosynthese durch Extrakte aus alten Blättern). Бюлл. Гл. бот. сада АН СССР (Bull. Bot. Gart. der Akad. Wiss. UdSSR) Nr. 7, 1950.

Сухоруков, К. Т. и Клинг, Е. Г., Действие меди на картофельное растение (SUCHORUKOW, K. T. und KLING, E. G., Die Wirkung von Kupfer auf die Kartoffelpflanze). Докл. АН СССР (Ber. Akad. Wiss. UdSSR) **47**, Nr. 6, 1945.

Сухоруков, К. Т., Клинг, Е. Г. и Клячко, Д. Х., Об образовании и распространении биоса (SUCHORUKOW, K. T., KLING, E. G. und KLJATSCHKO, D. CH., Über die Bildung und Verbreitung von Bios). Ebenda **1**, Nr. 9—10, 1935.

Сухоруков, К. Т., Клинг, Е. Г. и Овчаров, К. Е., Воздействие *Phytophthora infestans* на ферменты поражаемого растения (SUCHORUKOW, K. T., KLING, E. G. und OWTSCHAROW, K. E., Die Einwirkung von *Phytophthora infestans* auf die Fermente der infizierten Pflanze). Ebenda **18**, Nr. 8, 1938.

Сухоруков, К. Т. и Незговоров, Л. А., О систоамилазе из клубней картофеля (SUCHORUKOW, K. T. und NESGOWOROW, L. A., Über Systoamylase aus Kartoffelknollen). Ebenda **27**, Nr. 1, 1940.

Сухоруков, К. Т. и Новоселова, А. Н., К физиологии „черни" (SUCHORUKOW, K. T. und NOWOSSELOWA, A. N., Zur Physiologie der „Schwärze"). Бюлл. Гл. бот. сада АН СССР (Bull. Bot. Gart. der Akad. Wiss. UdSSR) Nr. 6, 1950.

Сухоруков, К. Т. и Новоселова, А. Н., К особенностям превращения азотистых веществ в старых органах растения (SUCHORUKOW, K. T. und NOWOSSELOWA, A. N., Zu Besonderheiten der Umwandlung stickstoffhaltiger Stoffe in alten Pflanzenorganen). Бюлл. Гл. бот. сада АН СССР (Bull. Bot. Gart. der Akad. Wiss. UdSSR) Nr. 13, 1952.

Сухоруков, К. Т. и Овчаров, К. Е., О природе иммунитета к ржавчине (SUCHORUKOW, K. T. und OWTSCHAROW, K. E., Über die Natur der Immunität gegen Rost). Докл. АН СССР (Ber. Akad. Wiss. UdSSR) **14**, Nr. 6, 1937.

Сухоруков, К. Т. и Смирнова, О. Н., Повышение устойчивости злаков к ржавчине (SUCHORUKOW, K. T. und SMIRNOWA, O. N., Die Erhöhung der Resistenz von Getreide gegen Rost). Ebenda **47**, Nr. 4, 1945.

Сухоруков, К. Т. и Строгонов, Б. П., Активаторы пероксидазы при заболевании растения (SUCHORUKOW, K. T. und STROGONOW, B. P., Aktivatoren der Peroxydase bei Pflanzenkrankheiten). Ebenda **15**, Nr. 9, 1937.

Сухоруков, К. Т. и Строгонов, Б. П., О гормонах роста в больном растении (SUCHORUKOW, K. T. und STROGONOW, B. P., Über Wuchshormone in der kranken Pflanze). Ebenda **47**, Nr. 8, 1945.

Сухоруков, К. Т. и Филиппов, В. В., Гормоны клеточного деления у хлопчатника (SUCHORUKOW, K. T. und FILIPPOW, W. W., Zellteilungshormone bei Baumwolle). Ebenda **29**, Nr. 4, 1940.

Сухоруков, К. Т. и Филиппов, В. В., Гормоны клеточного деления цветах хлопчатника (SUCHORUKOW, K. T. und FILIPPOW, W. W., Zellteilungshormone in der Baumwollblüte). Ebenda **47**, Nr. 5, 381, 1945.

Сухоруков, К. Т. и Черепанова, Р. В., Дыхание в связи с состоянием растения (SUCHORUKOW, K. T. und TSCHEREPANOWA, R. W., Die Atmung in Verbindung mit dem Zustand der Pflanze). Бюлл. Гл. бот. сада АН СССР (Bull. Bot. Gart. der Akad. Wiss. UdSSR) Nr. 14, 1952.

Сухоруков, К. и Эпель-Богословская, Т., Действие биоса на процессы гниения (SUCHORUKOW, K. T. und EPEL-BOGOSLOWSKAJA, T., Die Wirkung von Bios auf Fäulnisprozesse). Докл. АН СССР (Ber. Akad. Wiss. UdSSR) **1**, Nr. 9, 1935.

Тимирязев, К. А., Космическая роль растения (TIMIRJASEW, K. A., Die kosmische Rolle der Pflanze). Werke **1**, 442, 1937.

Токин, Б. П., Бактерициды растительного происхождения (фитонциды) (TOKIN, B. P., Bakterizide pflanzlicher Herkunft [Phytonzide]). Tomsk 1942.

Токин, Б. П., Фитонциды (TOKIN, B. P., Phytonzide). Изд-во АМН СССР (Verlag AMN UdSSR) 1948.

Филиппов, В. В., Роль света в образовании биотина (FILIPPOW, W. W., Die Rolle des Lichtes bei der Biotinbildung). Тр. Ин-та Физиол. раст. им. К. А. Тимирязева АН СССР (Arbeiten des K.-A. Timirjasew-Inst. f. Pflanzenphysiol.) **7**, Nr. 1, 1950.

Холодный Н. Г., Фнтогормоны (CHOLODNY, N. G., Phytohormone). Изд-во АН УССР (Verlag Akad. Wiss. Ukrain. SSR) Kiew 1939.

Хохряков, М.И., Малоизвестная болезнь озимых хлебов — склеротиния (CHOCHRJAKOW, M. I., *Sclerotinia*, eine wenig bekannte Krankheit des Wintergetreides). Защита растений (Pflanzenschutz) Nr. 4, 1935.

Элпидина, О. К., О токсинах увядания (ELPIDINA, O. K., Über Welketoxine). Докл. АН СССР (Ber. Akad. Wiss. UdSSR) **3**, Nr. 8, 1935.

Янова, Н., Характеристика паразитических свойств некоторых фузариумов на пшенице по количеству аминного азота (JANOWA, N., Charakteristik parasitärer Eigenschaften einiger *Fusarium*-Arten auf Weizen nach der Menge an Aminostickstoff). Итоги Научно-исследовательской работы Всес. ин-та защиты растений за 1935 г (Ergebnisse d. wiss. Arbeiten d. Allunions-Inst. f. Pflanzenschutz, 1935) 1935.

Ярцева, Н. Г., О биотине (JARZEWA, N. G., Über Biotin). Успехи химии (Fortschr. Chem.) **15**, 203, 1946.

APPEL, O., Biologie des Einmietens und Einkellerns von Kartoffeln, Rüben und Gemüsen. Lafar's Handb. der techn. Mykol. **2**, 1905—1906.

ARENS, K., Die kutikulare Exkretion des Laubblattes. Jahrb. wiss. Bot. **80**, Nr. 2, 1934.

BARRON, G. E. S., LINK, G. K. K., KLEIN, R. M. and MICHEL, B. E., The metabolism of potato slices. Arch. Biochem. **28**, Nr. 3, 1950.

DE BARY, A., Zur Kenntnis der Peronosporeen. Bot. Ztg., Nr. 37—39, 1881.

DE BARY, A., Über einige Sclerotinien und Sclerotinienkrankheiten. Bot. Ztg., Nr. 23—27, 1886.

BLACKMAN, V. H. and WELSFORD, E. J., Studies in the physiology of parasitism. II. Infection of *Botrytis cinerea*. Ann. Bot. **5**, 30, 1916.

BLOCH, R., Wound healing in higher plants. Bot. Rev. **7**, Nr. 2, 1941.

BOAS, F., Vergleichende Untersuchungen über Wachstumsanreger in einheimischen Pflanzen. Ber. deutsch. bot. Ges. **53**, 495, 1935.

BOKORNY, TH., Das Hefewachstum in mineralischen Nährlösungen. Zbl. Bakt., Abt. II, **16**, 1906.

BONNER, J., Plant biochemistry. Academic Press, New York 1950.

BONNER, J. and ENGLISH, J., A chemical and physiological study of traumatin, a plant wound hormon. Plant Physiol. **13**, 331, 1938.

BOWDEN, I. P. and PETERSON, W. H., Release of free and bound forms of biotin from proteins. Journ. Biol. Chem. **178**, 533, 1949.

BOYSEN-JENSEN, P., Über Bildung eines Wachstumsregulators durch *Aspergillus niger*. Biochem. Ztschr. **239**, 243, 1931.

BRIEGER, E., Untersuchungen über den Wundreiz. Ber. deutsch. bot. Ges. **42**, 1924.

BROWN, W., Studies in the physiology of parasitism. I. The action of *Botrytis cinerea*. Ann. Bot. **29**, Nr. 115, 1915.

BROWN, W., Studies in the physiology of parasitism. III. On the relation between the infection drop and the underlying host tissue. Ann. Bot. **30**, 399, 1916.

BROWN, W., On the exosmosis of nutrient substances from the host tissue into the infection drop. Ann. Bot. **36**, Nr. 141, 1922.

BROWN, W., The physiology of host-parasite relations. Bot. Rev., Nr. 6, 1936.

BROWN, W., Nature of resistance to fungus disease in plants. Proc. 2nd Intern. Congr. Microbiol. **14**, 1937.

BROWN, W. and HARVEY, CH., On the entrance of parasitic fungi into the host plant. Ann. Bot. **41**, 644, 1927.

BÜSGEN, M., Biologische Studien mit *Botrytis cinerea*. Flora **111**, 606, 1918.

BUTLER, E. J. and JONES, S. G., Plant pathology. London 1949.

CHESTER, K. S., The problem of acquired physiological immunity in plants. Quart. Rev. Biol. **8**, 1933.

CHOLODNY, N., Zur Kenntnis der durch das regnerische Wetter verursachten Ertragsabnahme bei Getreidearten. Ber. deutsch. bot. Ges. **50**, Nr. 1, 1932.

CHONA, B., Studies in the physiology of parasitism. Ann. Bot. **46**, Nr. 184, 1932.

CHRZASZCZ, T., Zur Kenntnis des Hefewachstums in mineralischen Nährlösungen. Zbl. Bakt. Abt. II, **13**, 144, 1904.

CHRZASZCZ, T. und JANICKI, J., Der Einfluß von Papain auf die amylolytische Kraft verschiedener Getreidearten. Bioch. Ztschr. **272**, Nr. 1/2, 1933.

DAGYS, I., Wuchsstoffe der Mikroorganismen in embryonalen Geweben und im Blutungssaft. Protoplasma **24**, 14, 1935.

DAGYS, I., Die Hefewuchsstoffe in Knospen und Blättern. Ebenda **26**, 20, 1936.

DAGYS, I., Die Hefewuchsstoffe in Maiskeimlingen. Ebenda **28**, Nr. 2, 1937.

DAGYS, I., Über die gebundenen Hefewuchsstoffe. Ebenda **31**, 524, 1938.

DAGYS, I. und BLUZMANAS, L., Gebundene Bios-Wuchsstoffe in *Boletus edulis*. Ber. deutsch. bot. Ges. **61**, Nr. 2, 1943.

DAVIS, W., Physiological investigation of blackheart of potato tuber. Bot. Gaz. **81**, 323, 1926.

DEY, P. K., Studies in the physiology of parasitism. Ann. Bot. **33**, 305, 1919.

DIXON, H. H., Transpiration and the ascent of sap in plants. London 1914.

ENGEL, H. und HEIMANN, M., Weitere Untersuchungen über periodische Guttation. Planta **37**, 437—450, 1949.

FISCHER, E. und GÄUMANN, E., Biologie der pflanzenbewohnenden parasitischen Pilze. Jena 1929.

FLEURY, C., Contribution à l'étude de la thiourée; effets antimelaniques. Bull. Soc. Bot., 2. Serie, **40**, Genf 1949.

FÜRTH, O. und THALLMAYER, H., Zur Frage des Mechanismus der oxydativfermentativen Melaninbildung aus Tyrosin. Enzymologia **3**, 1937.

GÄUMANN, E., Pflanzliche Infektionslehre. Basel 1946. (Principles of plant infections. London 1950.)

GÄUMANN, E., Über das Problem der Welkekrankheiten bei Pflanzen. Proc. 4th Intern. Congr. Microbiol., Copenhagen 1949.

GÄUMANN, E., Some problems of pathological wilting in plants. Adv. Enzym. **11**, 1951.

GENTILE, A. C., A study of the toxin produced by an isolate of *Bortrytis cinerea* from *Exochorda*. Physiol. plantarum **4**, 2, 1951.

GODLEWSKI, E., Zur Theorie der Wasserbewegung in den Pflanzen. Jahrb. wiss. Bot. **15**, 569, 1884.

GOTTLIEB, D., The physiology of spore germination in fungi. Bot. Rev. **16**, Nr. 5, 1950.

HABERLANDT, G., Wundhormone als Erreger von Zellteilungen. Beiträge allgem. Bot. **2**, Nr. 1, 1921.

HANES, C., The reversible formation of starch from glucose-l-phosphate catalysed by potato phosphorylase. Proc. Roy. Soc. London, Nr. 129, 1940.

HARRISON, V. M. and CLAPPER, W. E., Growth requirements of *Streptococcus mitis* and sulfonamide resistance. Proc. Soc. Exp. Biol. Med. **74**, Nr. 4, 1950.

HARTER, L. L. and WEIMER, J. L., The relation of the enzyme pectinase to infection of sweet potatoes by *Rhizopus*. Amer. Journ. Bot. **10**, 245, 1923.

HAUSER, W., Zur Physiologie des Gerbstoffes in der Pflanzenzelle. Protoplasma **24**, 219, 1935; **26**, 413, 1936; **27**, Nr. 1, 1937.

IDE, M., Über Wildier's Bios. Ztrbl. Bakt., Abt. II, **48**, 193, 1907.

IKATA, S. and HITOMI, T., Studies on the putrefactions of edible lilies. Rpt. Agr. Exp. Sta. Okayamaken, Nr. 39, 1933.

IKATA, S. and HITOMI, T., Studies on red spot disease (Chocolat spot disease) of *Vicia faba*. Rpt. Agr. Exp. Sta. Okayamaken, Nr. 38, 1933.

JONES, E. W., Production in potato of leaf symptoms observed on plants on acid soils together with associated tuber necrosis. Nature **167**, 568, 1951.

KARSTRÖM, H., The problem of adaptation in bacteriology. Proc. 2nd Intern. Congr. Microbiol., London 1937.

KLOTZ, L. J., Inhibition of enzymatic action as a possible factor in the resistance of plants to disease. Science **66**, Nr. 1721, 1927.

KÖGL, F. und HAAGEN-SMIT, A., Biotin und Aneurin als Phytohormone. Ztsch. physiol. Chem. **243**, Nr. 6, 1936.

KÖGL, F. und HASSELT, W., Isolierung von Bios-I (Meso-inosit) aus Hefe. Ztsch. physiol. Chem. **242**, Nr. 1/2, 1936a.

KÖGL, F. und HASSELT, W., Über das Vorkommen von B otin im tierischen Organismus. Ebenda **243**, Nr. 4/5, 1936b.

KÖGL, F. und FRIES, N., Über den Einfluß von Biotin, Aneurin und Meso-Inosit auf das Wachstum verschiedener Pilzarten. Ebenda **249**, Nr. 2—4, 1937.

KÖGL, F. und TEN HAM, E. J., Zur Kenntnis des β-Biotin. Ebenda **270**, 121, 1943.

KÖGL, F. und TÖNNIS, B. K., Über das Bios-Problem. Darstellung von krystallisiertem Biotin aus Eigelb. Ebenda **242**, Nr. 1/2, 1936.

KOSER, S. A., Growth factors for microorganisms. Ann. Rev. Microbiol. **2**, 1948.

KÜSTER, E., Pathologische Pflanzenanatomie. 3. Aufl., Jena 1925.

KÜSTER, E., Pathologie der Pflanzenzelle. Protoplasma Monograph. **3**, Berlin 1929.

LAMPEN, J. O., BAHLER, G. P. and PETERSON, W. H., The occurrence of free and bound biotin. Journ. Nutrition **23**, Nr. 11, 1942.

LARSON, R. H., Physiological internal necrosis of potato tubers in Wisconsin. Journ. Agr. Res. **71**, Nr. 11, 1945.

LEPESCHKIN, W., The influence of vitamins upon the development of yeasts and molds. Amer. Journ. Bot. **9**, 164, 1924.

LEPIK, E., Untersuchungen über den Biochemismus der Kartoffelfäulen. Phytopath. Ztschr. **1**, 49, 1929.

LEPIK, E., Über die Rolle der stickstoffhaltigen Bestandteile der Kartoffelknolle bei der *Phytophthora*-Fäule. Phytopath. Ztschr. **12**, Nr. 3, 1938.

LINDERTSRÖM-LANG, K., Enzymatische Adaption. Handbuch d. Enzymologie **2**, Leipzig 1940·

LINSBAUER, K., Die Epidermis. Handbuch d. Pflanzenanatomie **4**, Abt. 1, Teil 2, 1930.

MASSEE, G., On the origin of parasitism in fungi. Philos. Transact. Roy. Soc. London, **197**, 7, 1905.

MELVILLE, D. B., The chemistry of biotin. Vitamins and hormones **2**, New York 1944.

MEYER, G., Zellphysiologische und anatomische Untersuchungen über die Reaktion der Kartoffelknolle auf den Angriff der *Phytophthora infestans* bei Sorten verschiedener Resistenz. Arb. B.R.A. **23**, 97, 1940.

MINAGAWA, T., On amylosynthese. Proc. Imper. Acad. Tokyo, **8**, Nr. 6, 1932; **9**, Nr. 3, 1933.

MIYOSCHI, M., Über Chemotropismus der Pilze. Bot. Ztg., Nr. 52, 1894.

MIYOSCHI, M., Die Durchbohrung von Membranen durch Pilzfäden. Jahrbuch wiss. Bot. **28**, 269, 1895.

MUELLER, J. H., Pimelic acid as a growth accessory for the diphtheria bacillus. Journ. Biol. Chem. **119**, Nr. 1, 1937.

MÜLLER, K. O., Physiologisch-genetische Untersuchungen zur Analyse der *Phytophthora*-Resistenz der Kartoffel. Proc. 7th Internat. Genetical Congr., Cambridge 1941.

MÜLLER, K. O. und BÖRGER, H., Experimental-Untersuchungen über die *Phytophthora*-Resistenz der Kartoffel. Arb. B.R.A. **23**, Nr. 2, 1941.

MÜLLER, K. O., MEYER, G. und KLINKOWSKI, M., Physiologisch-genetische Untersuchungen über die Resistenz der Kartoffel gegenüber *Phytophthora infestans*. Naturwiss. **27**, Nr. 46, 1939.

MYSTKOWSKI, E. M., The decomposition of glycogen in muscle extracts. Acta Biol. Exp. **2**, Nr. 34, 1937.

NEWHOOK, F. J., Microbiological control of *Botrytis cinerea* Pers. Ann. Appl. Biol. **38**, Nr. 1, 1951.

NIELSEN, N., Untersuchungen über einen neuen wachstums-regulierenden Stoff: Rhizopin. Jahrbuch wiss. Bot. **73**, Nr. 1, 1930.

NIELSEN, N., Investigation on the assimilation of growth substances by yeasts from wort. Compt. rend. Lab. Carlsberg, **20**, Nr. 1, 1934.

NIELSEN, N., Untersuchungen über die Bedeutung des Mälz- und Brauprozesses für den Wuchsstoffgehalt der Würze. Ebenda **21**, Nr. 8, 1936.

NIELSEN, N., Über die Trennung der auf die Stoffproduktion der Hefe und Schimmelpilze einwirkenden Wuchsstoffe. Ebenda **22**, 1937.

NIELSEN, N. and HARTELIUS, V., The separation of growthpromoting substances. Ebenda **18**, Nr. 8, 1932.

NIELSEN, N. and HARTELIUS, V., The effect of rhizopin on the production of matter of *Aspergillus niger*. Ebenda **19**, Nr. 5, 1933a.

NIELSEN, N. und HARTELIUS, V., Untersuchungen über die Wirkung einiger Metalle als Co-Wuchsstoffe. Bioch. Ztschr. **259**, 340, 1933b.

NIELSEN, N. und HARTELIUS, V., Untersuchungen über Hefewuchsstoffe. Compt. rend. Lab. Carlsberg, **21**, Nr. 7, 1935.

NIKITINSKY, J., Über die Beeinflussung der Entwicklung einiger Schimmelpilze durch ihre Stoffwechselprodukte. Jahrbuch wiss. Bot. **40**, 1904.

ORSOS, O., Untersuchungen über die sogenannten Nekro-Hormone. Protoplasma **6**, Nr. 3, 1936.

OSTERHAUT, W. J. V., KAMERLING, S. E. and STANLEY, W. M., Some factors affecting penetration. Journ. Gen. Physiol. **70**, Nr. 3, 1934.

PETERSON, W. N. and PETERSON, M. S., Relation of bacteria to vitamins and other growth factors. Bact. Rev. **9**, Nr. 2, 1945.

PFAFF, TH., Untersuchungen über das Wachstum der Appressorien bei *Botrytis cinerea*. Ztrbl. Bakt., Abt. II, **63**, 1925.

PFEFFER, W., Pflanzenphysiologie. Bd. I, Leipzig 1897.

PORTER, H. K., The inhibition of plant phosphorylases by β-amylase and the detection of phosphorylase in barley. Bioch. Journ. **47**, Nr. 4, 1950.

PRINGSHEIM, H. H., Über die sogenannte Bios-Frage. Ztrbl. Bakt., Abt. II, **16**, 1906.

PUGH, E. M., and RAPER, H. S., The action of tyrosinase on phenol. Bioch. Journ. **21**, 1370, 1927.

REICHE, H., Über Auslösung von Zellteilungen durch Injektion von Gewebesäften und Zelltrümmern. Ztschr. Bot. **16**, Nr. 5, 1924.

ROBBINS, W. J., Growth requirements of dermatophytes. Ann. New York Acad. Sci. **50**, Nr. 10, 1950.

RUHLAND, W. und WETZEL, K., Zur Physiologie der organischen Säuren in grünen Pflanzen. Planta **1**, Nr. 4, 1926.

SALAMAN, R. N., Immunity to virus diseases in plants. 3rd. Congr. Intern. Pathol., Athenes., 1936.

SHERBAKOFF, C. D., Breeding for resistance to *Fusarium* and *Verticillium* wilts. Bot. Rev. **15**, Nr. 6, 1949.

SLEETH, B., Relationship of *Fusarium niveum* to the formation of tylosis in melon plants. Phytopathology **23**, 33, 1933.

SMITH, R. E., The parasitism of *Botrytis cinerea*. Bot. Gaz. **33**, Nr. 6, 1902.

SNELL, E. E., Nutrition of microorganisms. Ann. Rev. Microbiol. **3**, 1949.

SORAUER, P., Handbuch der Pflanzenkrankheiten. **2**, Nr. 1, 537, 1928.

SPERLICH, A., Exkretionsgewebe. In: Linsbauer, Hdb. Pflanzenanatomie **4**, Abt. 1, Teil 2, 1939.

STEINBERG, R. A., Growth responses to organic compounds by tobacco seedlings in aseptic culture. Journ. Agr. Res. **75**, Nr. 3, 1947.

STEINBERG, R. A., Growth of fungi in synthetic nutrient solutions. Bot. Rev. **16**, Nr. 4, 1950.

STEINBERG, R. A., Amino acid toxicities to tobacco varieties differing in resistance to black root-rot. Bull. Torrey Bot. Club **78**, Nr. 3, 1951.

TRAGER, W., The influence of biotin upon susceptibility to malaria. Journ. Exp. Med. **77**, Nr. 6, 1943.

TURNER, I. S., Respiration. Ann. Rev. Plant Physiol. **2**, 1951.

DU VIGNEAUD, V. K., HOFMANN, D. B., MELVILLE, D. B. and SZENT-GYÖRGY, Isolation of biotin (vitamin H) from liver. Journ. Biol. Chem. **140**, 643, 1941.

VIRTANEN, A. I., Adaption and uptake of nutrition by microorganisms. 4th Internat. Congr. Microbiology (Copenhagen 1947). Kopenhagen 1949.

WAGNER, R. I., Über bakterizide Stoffe in gesunden und kranken Pflanzen. Ztrbl. Bakt., Abt. II, **42**, Nr. 21/22, 1914.

WARD, H. M., A lily disease. Ann. Bot. **2**, 319, 1888.

WARD, H. M., Recent researches on the parasitism of fungi. Ebenda **19**, Nr. 73, 1905.

WASIUTA, M., Über Vitamin C in der Pflanze. Österr. bot. Ztschr. **96**, Nr. 2, 1949.

WEHNELT, B., Untersuchungen über das Wundhormon der Pflanzen. Jahrbuch wiss. Bot. **66**, 773, 1927.

WEIMER, J. L. and HARTER, L. L., Pectinase in the spores of *Rhizopus*. Amer. Journ. Bot. **10**, Nr. 4, 1923.

WIESNER, J., Elementarstruktur und das Wachstum der lebenden Substanz. Wien 1892.

WILDIERS, E., Nouvelle substance indispensable au développement de la levure. La Cellule **18**, 313, 1901.

WINTERS, R., Varietal susceptibility of the peony to *Botrytis peoniae*. Phytopathology **20**, 1930.

WOLF, I., Beiträge zur Kenntnis des Säurestoffwechsels sukkulenter *Crassulariaceae*. Planta **29**, 314, 1939.

WOOD, R. K. S., The control of diseases of lettuce by the use of antagonistic organisms. Ann. Appl. Biol. **38**, Nr. 1, 1951.

ZIMMERMANN, A., Sammelreferate über die Beziehungen zwischen Parasit und Wirtspflanzen (*Sclerotinia*, *Monilia* und *Botrytis*). Ztrbl. Bakt., Abtl. II, **70**, 51 und 411, 1927.

FSC
www.fsc.org
MIX
Papier | Fördert gute Waldnutzung
FSC® C083411

Zeitfracht Medien GmbH
Ferdinand-Jühlke-Straße 7
99095 Erfurt, Deutschland
produktsicherheit@kolibri360.de